버텨라,
언니들

북오션은 책에 관한 아이디어와 원고를 설레는 마음으로 기다리고 있습니다. 책으로 만들고 싶은 아이디어가 있는 분은 이메일(bookrose@naver.com)로 간단한 개요와 취지, 연락처 등을 보내주세요. 머뭇거리지 말고 문을 두드리세요. 길이 열릴 것입니다.

버텨라, 언니들

초판 1쇄 인쇄 | 2016년 1월 29일
초판 1쇄 발행 | 2016년 2월 5일

지은이 | 전주혜
펴낸이 | 박영욱
펴낸곳 | (주)북오션

편 집 | 권희중 · 이동원
마케팅 | 최석진 · 임동건
표지 및 본문 디자인 | 서정희 · 심재원
세무자문 | 세무법인 한울 대표 세무사 정석길(02-6220-6100)

주 소 | 서울시 마포구 서교동 468-2
이메일 | bookrose@naver.com
페이스북 | facebook.com/bookocean21
블로그 | blog.naver.com/bookocean
전 화 | 편집문의: 02-325-9172   영업문의: 02-322-6709
팩 스 | 02-3143-3964

출판신고번호 | 제313-2007-000197호

ISBN 978-89-6799-252-1 (13590)

이 도서의 국립중앙도서관 출판예정도서목록(CIP)은 서지정보유통지원시스템 홈페이지(http://seoji.nl.go.kr)와 국가자료공동목록시스템 (http://www.nl.go.kr/kolisnet)에서 이용하실 수 있습니다. (CIP제어번호: CIP2016000637)

버텨라, 언니들

전주혜 지음

북오션

이 세상 모든 '워킹맘'에게
뜨거운 박수를!

처음부터 엄마였던 사람은 아무도 없습니다. 학교를 졸업한 후 직장 생활을 하다가 결혼하고 아이를 낳고 보니 자연스럽게 엄마가 되었습니다. 엄마가 된 다음 많은 것이 바뀌었습니다. 무엇보다 전에는 삶의 중심이 오롯이 '나'였다면, 엄마가 된 다음에는 '아이들' 쪽으로 좀 더 기울었습니다.

사실, 어렸을 때부터 미래를 생각하면서 어렴풋이 '언젠가는 엄마가 되겠지' 하고 생각해 왔지만, 막상 엄마가 되고 보니 어떻게 일과 육아 사이에서 균형을 잡고, 어떻게 일에서 발전을 이룰지, 또 엄마 역할을 어떻게 잘해낼지 막막했습니다.

엄마가 된다는 건 이 세상 그 무엇과도 바꿀 수 없는 큰 기쁨이지만, 일과 육아 두 가지를 병행하는 건 정말 쉽지 않더군요. 특히, 아이들이 어릴 때는 어떻게 시간이 흘렀는지 모를 정도로 일과 육아 사이에서 하루가 쏜살같이 지나갔습니다. 힘든 현실에서 주저앉고 싶은 적도 있었습니다. 그런데 '시간이 약'이라고 하던가요. 신기하게도 끝이 보이지 않을 것 같던 육아 부담이 아이들이 커 갈수록 차츰차츰 줄어들면서 두 가지를 병행하기가 한결 수월해졌습니다.

저만 그런 것이 아니었습니다. '육아의 터널'을 지난 선배 언니는 이렇게 말합니다. "아침에 출근하는 엄마를 붙잡고 우는 어린 아이들이 눈에 밟혀서 출근길에 많이 울기도 했는데, 만약에 그때 포기했다면 '오늘'은 없었다"라고.

이 책은 육아의 벽을 넘지 못하고 직장을 그만두는 '경단녀(경력단절여성)'가 계속 생겨나는 현실에서, 자신의 일을 포기하지 않고 '경계녀(경력을 계속 이어가는 여성)'로서 어떻게 버티고 발전할 것인지에 대해 저와 주위의 경험과 지혜를 담았습니다.

첫째, 인생의 주인공은 '나 자신'이라는 것입니다.

엄마로서의 삶도 있지만, 한 번 사는 인생에서 그 주인공은 누가 뭐라 해도 '나 자신'입니다. 자신의 일을 사랑하는 당신이라면, 여기까지 오느라 흘린 땀과 열정을 생각해 보기 바랍니다. 눈을 감고, 당신이 꿈꾼 미래를 떠올려 보세요. 일을 그만둔다는 건, 그동안의 땀과 열정을 버리는 것이고, 일을 그만두는 순간 그동안 꿈꿔왔던 미래 또한 사라지게 됩니다.

당신이 지금 일을 그만두어야 하나 말아야 하나 고민한다면, 그것이 과연 누구를 위해서인지 진지하게 생각해 보기 바랍니다. 인생의 주인공이 자신인 이상 '당신 자신을 위한 결정'을 내려야 합니다. 그래야 후회하지 않습니다.

이 책을 쓰면서 한편으로 이런 생각도 들었습니다. 시대의 변화에 따라 전통적인 남성과 여성의 역할 또한 변하고 있는데, 왜 여성만 일과 육아 사이에서 선택을 강요당해야 하나? 결국, 사회의 변화에 따른 인식의 변화도 함께 이루어져야 합니다. 이런 점에서도 '주인의식'이 반드시 필요합니다.

사회에서 자신의 능력을 발휘하고 꽃피우고자 하는 꿈을 가진 당신이라면, 지금 일과 육아 사이에서 어려움을 겪더라도 반드시 이겨내야 합니다. 부디 당신의 꿈을 가꾸고, 꿈을 향해 당당하게 나아가기 바랍니다.

둘째, 멀리 보면서 절대로 포기하지 말고 버텨야 합니다.

아이가 어릴 때는 매일매일 전쟁터 같고 힘듭니다. 이런 생활이 영원히 끝나지 않을 것 같습니다. 출근하는 엄마를 붙잡는 아이를 떼어 놓고 나설 때마다 '내가 무슨 영화(榮華)를 보자고 이러나' 하는 생각도 절로 듭니다. 아이가 좀 더 자라면 '내가 일하는 것 때문에 아이가 뒤처지거나 외톨이가 되는 건 아닐까' 하는 걱정도 듭니다.

육아 때문에 일을 그만두어야 하나 말아야 하나 고민할 때, 이도 저도 아니라는 생각에 집어치우고 싶을 때 지금의 모습보다는 좀 더 멀리 보는 지혜와 인내심을 가지기 바랍니다. 아이가 자랄수록 일과 육아와의 병행은 한결 수월해집니다. 그런데 만약 육아 때문에 원하지 않게 일을 그만둔다면, 나중에 아이가 자라나 시간적 여유가 생겼을 때 '왜 그때 일을 그만두었을까' 하고 후회하지 않을까요.

또, 아이 때문에 자신을 희생했다는 생각에 그 대가를 보상받기 위해 아이의 성적에 더 집착하고, 만약에 아이가 기대만큼 공부를 잘하지 못한다면 '아이 때문에 이렇게 희생했는데 결과가 이게 뭐야' 하고 생각하게 되지 않을까요.

자신의 일에 재미를 느끼고, 또 그 일을 통해 보람을 느낀다면 절대로 일을 포기해서는 안 됩니다. 누구에게나 위기는 있습니다. 어려움이 있을 때마다 혼자만 끙끙 앓지 말고 주위에 도움을 청하기 바랍니다. 멀리 가려면 함께 가야 합니다. 가족의 도움이든, 동료나 회사의 도움이든 여러 가지 방법을 활용해 위기를 넘겨야 합니다.

꿈을 가진 당신이라면, 현실이 힘들더라도 좀 더 멀리 보면서 절대로 포기하지 말고 꼭 버티기 바랍니다.

셋째, 육아를 하면서 어떻게 직장에서 발전할 지입니다.

자기 발전에 관심이 많고 일 욕심이 많은 워킹맘일수록 육아를 하면서 많은 좌절감을 맛봅니다. 워킹맘이 되는 건, 달리기 경기에서 혼자 달리다가 아이를 업고 달리는 것과 같습니다. 아이가 어릴 때는 업무량이 많은 부서를 지원하거나 자기 발전의 시간을 가지기 어렵다 보니, 전에는 동료들보다 앞서 간다고 생각했는데 아이를 키우는 몇 년 사이 점점 뒤처져가는 자신을 발견하게 됩니다. '내가 겨우 이 정도 하려고 그동안 그렇게 열심히 살아왔나' 하는 무력감도 들고, '과연 회사에서 살아남을 수 있을까' 하는 걱정도 듭니다.

그러나 인생은 100미터 달리기가 아니라 42.195킬로미터의 마라톤입니다. 육아에 매진해야 하는 몇 년간은 자기 발전을 어느 정도 포기해야 하는 것이 워킹맘들의 숙명입니다. 하지만 아이가 점점 자랄수록 육아 부담이 줄어들면서 자기 발전의 시간을 가질 수 있습니다. 또한, 일에 더 많은 시간을 쏟으면서 그동안 벌어진 간격을 점차 줄여갈 수 있고, 노력 여하에 따라 마침내 다시 앞서 갈 수 있습니다. 그러니 너무 불안해하거나 조급해하지 마세요.

이 책에는 20년 이상 직장 생활을 해오면서 쌓아온 저만의 노하우가 고스란히 담겨 있습니다. 책에 수록된 '자세', '평판 불변의 법칙', '트레이닝론', '항상 당당 하라', '핵심가치를 어필하라' 등은 직장 생활을 시작하는 후배들에게도 많은 도움이 될 것입니다.

물론 아직도 '육아 진행형'이지만, 지금까지 일과 육아를 그럭저럭 병행할 수 있었던 것은 결코 저 혼자만의 힘이 아니었습니다. 저를 뒷받침해준 가족들의 노고와 배려가 없었다면 오늘에 이르지 못했을 것입니다. 많은 도움과 배려를 아끼지 않은 남편과 부모님을 비롯한 가족들에게 진심으로 감사드립니다. 또, 사랑하는 현진이, 현민이에게도 건강하게 자라주어 고맙다는 말을 전하고 싶습니다.

여성 후배들에게 관심이 많은 제가 워킹맘을 위한 책을 쓰게 된 것은 큰 행운이었습니다. 이런 계기를 만들어주신 홍성윤·김효정 기자님, 그리고 많은 지원을 아끼지 않으신 북오션 박영욱 대표님과 북오션 가족들에게도 감사의 말씀을 드립니다.

이 책을 쓰면서 일과 육아 사이에서 고군분투하는 많은 워킹맘들의 모습이 새삼 제 눈에 들어왔습니다. 어떤 순간에는 힘들어하는 모습에 안타깝기도 했고, 또 어떤 순간은 참 대단하다는 생각이 들었습니다.

이 세상의 모든 워킹맘에게 뜨거운 박수를 보냅니다. 파이팅!

2016년 1월

전주혜

Part one

결혼은 선택, 일은 필수

Contents

Part three

결혼한 여성이 꼭 헤쳐나갈 문제들

Part four

직장에서 발전하기

Part five

16년 차 워킹맘이 후배들에게 말하는 조언

결혼은 선택,
일은 필수

20대에는 몰랐다가 40대가 돼서야 비로소 알게 된 것, 그래서 사회 첫출발을 하는 후배들에게 꼭 이야기해 주고 싶은 말이 있다. 위에서 사람을 평가할 때 가장 눈여겨보는 것은 '자세'라는 것. '자세'란 일에 대한 마음가짐이다. 정말 최선을 다하려는 마음가짐을 가졌는지가 그 무엇보다 중요하다.

01

위에서는 아래가
훤히 보인다

01

남녀를 가리지 않고 직장 생활을 하는 사람들은 조직 안에서 인정받고 싶어 한다. 그런데 그 방법을 몰라 우왕좌왕하는 경우가 많다. 밝은 미소, 상사에게의 아첨, 무조건적인 야근…… 과연 그게 전부일까? 사실 상사가 중요시하는 것은 의외로 무척 간단한 것이다.

얼마 전 치열한 경쟁률을 뚫고 대기업에 합격한 윤아 씨, 언젠가부터 윤아 씨는 셰릴 샌드버그 같은 경영인이 되는 꿈을 갖고서 대학 4년 동안 대기업 취업을 목표로 열심히 살아왔다. 좋은 학점을 얻기 위해 밤을 새워 공부했고, 높은 '스펙'을 쌓기 위해 방학에는 회사 인턴십도 하고, 텝스(TEPS) 공부를 하는 틈틈이 중국어 학원에도 다녔다.

윤아 씨는 대기업 합격 통지를 받은 순간, 쌍코피를 흘리면서 지낸 시간을 보상받았다는 생각에 뛸 듯이 기뻤지만, 그것도 잠시. 출근일이 다가올수록 '앞으로 내가 과연 잘할 수 있을까' 하는 걱정에 잠을 이루지 못했다.

이런 걱정을 하는 20~30대 후배들에게 꼭 해주고 싶은 이야기가 있다. 몇 년 전 사법연수원 교수로서의 경험담을 담은 책을 출간하면서 모 신문사와 인터뷰를 한 적이 있다. 20년 만에 다시 찾은 사법연수원에서 교수의 눈으로 보니 '연수생 때 알았더라면 지금 내 모습이 많이 달라져 있을 만한 것'이 보이더라는 말에 기자가 물었다.

"무엇을 20대 시절에 알았더라면 도움이 됐을까요?"

윗사람이 아랫사람을 평가할 때 가장 먼저 보는 것이 무엇일까. 능력? 성실성? 물론 이것들도 사람을 평가하는 데 중요한 요소지만, 제1순위라고 할 수는 없다. 책임감? 이것 또한 중요하지만, 역시 제1순위는 아니다.

"원래 밑에서는 위가 안 보이고, 위에서는 아래가 훤히 보이잖아요. 나를 비롯한 부장판사들이 배석판사를 볼 때 가장 먼저 보는 게 업무에 대한 자세에요. 정말 여기서 최선을 다하려는 건지, 아니면 주어진 분량만 채우는 것인지 위에서는 다 보입니다. 그걸 20대에 알았더라면 조금 더 '자세'를 갖추고 일했겠죠. 돌이켜보면 20대 시절 내 태도가 윗사람들에겐 부족하게 보였겠다 싶어요. 어느 조직이나 마찬가지겠지만, 사람에 대한 평판은 초기 4~5년이면 내려집니다."

20대에는 몰랐다가 40대가 돼서야 비로소 알게 된 것, 그래서 사회 첫출발을 하는 후배들에게 꼭 이야기해 주고 싶은 말이 있다. 위에서 사람을 평가할 때 가장 눈여겨보는 것은 '자세'라는 것. '자세'란 일에 대한 마음가짐이다. 정말 최선을 다하려는 마음가짐을 가졌는지가 그 무엇보다 중요하다.

예를 들어서 어떤 법률문제에 대해 검토하더라도 관련 판례 검색만 하는 경우와 관련 논은 물론 해외 사례까지 조사하는 경우는 그 성과물이 다를 수밖에 없다. 그리고 이런 '자세'는 감추려야 절대로 감출 수 없이 훤히 들여야 보인다는 점도 명심해야 한다. 내가 판사로 일하던 당시에도 판결문을 작성하기 전 합의할 때 주심판사와 몇 마디만 나누어 보면 이 판사가 기록을 면밀히 검토하고 관련 판례와 법률이론까지 다 찾아보고 온 것인지, 아니면 합의하기에 부족하지 않을 정도로만 검토하고 온 것인지, 또는 대충 검토하고 온 것인지 훤히 보였다.

변호사 업무 또한 마찬가지이다. 로펌에서는 주니어 변호사가 초안을 작성하고 시니어 변호사가 이를 검토하는데 내부회의를 하다 보면 해당 사건에 대해 어느 정도의 열의를 가졌는지, 또 얼만큼이나 파악하고 있는지 전부 보인다.

몇 년 전 인기 가수 김태원 씨가 TV 오디션 프로그램인 〈위대한 탄생 1〉 심사위원을 하면서 가진 인터뷰에서 이런 말을 했다.

"(예선심사를 할 때) 될 사람인지 안 될 사람인지는 무대로 걸어 나오는 모습만 봐도 대충 알아요."

노래를 하기도 전, 무대로 나오는 모습만 봐도 '될 떡잎인지 아닌지 안다'는 것이다. 이 기사를 보고 나는 '아, 자세가 중요한 것은 다른 분야 역시 마찬가지구나'라고 생각했다. 무대로 나올 때 그 사람이 얼마나 자신감 있게 나오는지, 그 눈빛에 음악에 대한 열정과 진지함이 얼마나 많이 담겨 있는지, 노래를 듣지 않더라도 이것만 보아도 70~80% 정도는 판단이 선다는 말에 나도 전적으로 공감이 갔다.

위에서 아래를 보면서 비로소 알게 된 '비밀 같은 사실'은 이것 말고도 많았다. 그리고 이런 생각이 들었다. '내가 20대 시절 주위에 이런 이야기를 해 주는 선배가 있었다면 좀 더 나은 직장 생활을 할 수 있지 않았을까.' 그 후 나는 '비밀 전도사'가 되었다. 그리고 요즘도 우리 사무실의 1년 차 변호사들에게 이렇게 이야기한다.

"위에서는 아래가 다 보여. 그중에서도 뭐가 제일 잘 보이느냐고? 열심히 하려는 건지, 적당히 하려는 건지 말이야. '자세'가 가장 중요해. 앉는 자세 말고, 일하는 자세 말이야."

사회 여러 분야에서 여풍(女風)이 거세다. 실제로 여학생들의 성적이 우수하다 보니 남녀공학 중·고교를 기피하는 남학생들도 많다. 대학의 수석 입학·졸업은 여학생 차지가 됐고, 사법시험이나 로스쿨에서도 여학생들의 비율이 40~50%에 이른다. 2015년 외교관후보자 선발시험에서는 수석과 최연소 합격자를 포함해 여성 합격자가 64.9%에 이르고, 2015년 국가직 5급 행정직 2차 시험에서도 여성 합격자가 172명으로 48.5%를 차지했다. 그러나 각 분야의 중간관리자나 고위층으로 눈을 돌리면 여전히 여성이 소수인 것이 현실이다. 그 '똑똑한' 여학생들은 모두다 어디로 간 걸까?

몇 년 전 판사로 근무할 당시, 2년간 사법연수원 교수로 연수생들을 지도한 적이 있다. 당시 사법시험 합격자 수는 1,000명으로 연수생들은 14개 반으로 나뉘어 반 지도교수들의 지도를 받았다. 사법연수원을 수료한 후 16년 만에 다시 찾은 연수원은 여러 가지로 많이 달라져 있었다.

그중 가장 눈에 띄었던 변화는 단연 여자 연수생들의 증가였다. 내가 연수원에 다니던 시절에는 전체 300명의 연수생 중 여자는 14명으로 5%에 약간 못 미치는 극소수였다. 소수의 인원이다 보니 그동안 여자 연수생들은 따로 연수원 기숙사를 배정받지 못했었는데, 내가 연수원에 입소하던 해에 여자 연수생들이 한목소리를 내어 처음으로 연수원 기숙사를 배정받은 기억이 너무도 선명하다.

그런데 그 사이 여성들의 사회진출이 늘어났고, 법조계 역시 '여성 파워'의 약진으로 2008년에는 사법연수생의 3분의 1 정도가, 2009년에는 약 40%가 여성이었다. 이제 여자 연수생들은 더 이상 소수가 아니었다. 단지 숫자만 늘어난 것이 아니었다. 요즘 남녀공학 중·고등학교에서 그렇듯 대체로 여자 연수생들의 연수원 성적은 남자 연수생들보다 평균적으로 나은 편이었다.

연수원 수료 후 바로 판사나 검사로 임용되는 여자 연수생들도 많았고, 연수원 성적 상위권에 드는 여자 연수생들도 많았다. '이제 유리 천장(Glass Ceiling, 여성의 고위직 진출을 가로막는 보이지 않는 벽)을 뚫는 것은 시간문제구나' 하는 기대감도 들었다. 이 '알파걸'들은 무럭무럭 자라나 10년, 20년 후 '파워우먼'으로 남성들을 압도할 것이기 때문이다.

그런데 이렇게 우수한 여자 연수생들을 보면서 한편으로 매우 흥미롭게 관찰한 사회현상이 있다. 바로 초등학교부터 대학교를 거쳐 사법연수원까지 남자들보다 성적도 우수하고 경쟁력 있는 여자들의 우위가 사회에서는 역전된다는 사실이다.

왜 그럴까? 사회에서의 성공은 성적순이 아니기 때문이다. 학교에서 시험공부를 하듯 사회에서도 시험으로 승진이나 성과를 결정한다면 알파걸들은 쉽게 파워우먼이 되겠지만, 사회에서의 평가는 성적이나 능력만으로 결정되지 않는다. 주위를 보더라도 그렇다. 전교 1등이 사회 1등이 되는 것은 아니니까. 하지만, 요즘 여학생들은 정말 공부를 잘해서 남학생들이 주눅이 들 정도라는데 이런 현상이 사회에 나가서는 왜 유지되지 않는 것일까?

물론 여기에는 우리 사회가 아직도 남성 위주의 사회라거나 육아와 일을 병행할 수밖에 없는 여성들의 현실도 큰 원인이 된다. 그러나 이것이 전부는 아니다. 분명 여성의 발전을 저해하는 사회적 · 외부적 요인도 있지만, 여성 자신의 내부적 요인 또한 여성의 발전을 스스로 저해하는 요인이 된다. 따라서 파워우먼을 꿈꾸는 여성이라면 이러한 내부적 요인을 스스로 파악하고 고쳐 나갈 필요가 있다.

또한, 다음과 같은 점을 알아둘 필요가 있다. 사회는 공부나 시험으로 좌우되는 곳이 아니다. 그동안에는 공부나 시험에서 두각을 보였을지 몰라도 사회에서 사람을 평가하는 데는 능력 외에도 많은 면을 중요시한다. 그런데 여성들은 '능력 이외 부분'의 중요성을 간과하는 경향이 있다. 사회에서의 역전은 바로 이 부분에서의 열세에서 비롯된다. 생각해 보자. 사회에서 누군가를 평가할 때 물론 능력이 중요하다. 그러나 평가항목에는 능력 말고도 여러 가지가 있어서 능력은 전체 중 50~60% 정도를 차지한다.

다시 말해서 학교에서는 시험성적으로 모든 것이 결정되지만, 사회에서의 성적표에는 능력 말고도 나머지 40~50%를 차지하는 항목들이 있다. 즉 사회에서의 성적표는 '능력 플러스 알파'이고, 이 '플러스 알파'가 사실상 그 사람의 평가를 좌우하기도 한다. 그렇다면 과연 이 '플러스 알파'에는 무엇이 있을까? 리더십, 적극성, 네트워킹 등 여러 가지를 들 수 있지만, 내게 한 가지만 꼽으라고 한다면 나는 주저 없이 '기여도'를 꼽고 싶다.

얼마 전 로스쿨에서 강의를 하게 되었다. 강의를 듣는 20명 정도의 학생들 중 여학생은 과반수가 넘었다. 강의를 하다 보면 편의상 총무 역할을 할 학생이 필요한 경우가 있다. 두 번째 강의를 마친 다음 학생들에게 물었다.

"앞으로 강의를 하면서 학생들과 연락할 일도 있을 수 있어서 총무 역할을 할 사람을 정하면 좋겠는데, 혹시 자원할 학생 있어요?"

처음에는 아무도 손을 들지 않았다. 몇 초간의 어색한 침묵이 흐르자 어느 학생이 손을 들었다. "제가 하겠습니다." 내가 강의하는 과목은 점수 대신 '합격 또는 불합격(pass or fail)'을 평가하는 방식이라 총무 역할을 하는 것이 학점에 전혀 영향을 주지 않는다. 학생들 입장에서는 굳이 나선다는 것이 조심스러울 수도 있고, 또 일부러 내가 안 해도 되는 일이라고 생각할 수도 있다. 조금 아쉬웠던 것은 손을 든 학생이 남학생이었다는 점이었다. 여학생들이 과반수인데도 아무도 손을 들지 않았다는 사실이 안타까웠다.

사법연수원 교수를 하면서 눈여겨봤던 연수생이 바로 '궂은일을 자원'하는 연수생이었다. 연수원 수업 일정이 빡빡할 뿐만 아니라 성적에 의해 진로가 결정되다 보니 대부분의 연수생들은 공부 외의 반 활동이나 조 활동에 자신의 시간을 빼앗기고 싶어 하지 않는 경향이 있었다. 사법연수원의 이런 분위기 속에서 자신의 시간을 희생해 가면서 반이나 조 활동에서 궂은일을 자원하는 연수생은 교수 눈에 띌 수밖에 없고, 그 연수생의 인성과 희생정신을 높이 평가하지 않을 수 없었다.

이는 사회에서도 마찬가지이다. 각자 많은 업무 속에서 회사를 위해 누군가 자신의 시간을 희생해야 할 때 기꺼이 그 역할을 맡아 주는 사람과 그렇지 않은 사람에 대한 평가는 다를 수밖에 없다. 그리고 이런 희생정신을 가진 사람에 대해 위에서는 다른 입사 동기들보다 더 많은 관심을 가지고 눈여겨보게 된다. '기여도'란 거창한 것이 아니다. '궂은일을 자원하는 것'이 기여도의 첫걸음인 것이다.

첫 3년에
모든 것이 결정된다

03

첫 단추를 잘 끼워야 하듯이 직장 생활도 첫 3년이 무척 중요하다. '세 살 버릇 여든까지 간다'는 말처럼 일하는 방식, 일에 대한 마음가짐, 직장 상사나 동료들과의 관계 설정 등 직장 생활의 A부터 Z까지가 첫 3년간 대부분 형성된다. 그리고 또 한 가지. 이 기간에 형성되는 '평판' 역시 꼬리표처럼 평생 나를 따라다닌다.

초임판사 시절에 모시던 부장판사님이 내게 이런 말씀을 하셨다.

"전 판사, 어느 조직이나 그 사람에 대한 평판은 처음 3년에서 5년 사이에 내려집니다. 그리고 한 번 형성된 평판은 거의 바뀌지 않아요. 그러니까 처음에 어떤 평판을 쌓아가느냐가 무척 중요합니다."

이 말씀을 새겨두고, 나 역시 사회생활을 시작하는 후배들에게도 이 말을 해주곤 한다.

‘평판 불변의 원칙!’

일을 잘한다, 아니면 그냥 그렇다, 대인관계가 원만하다, 대인관계에 소극적이다 등등 그 사람의 평판을 결정짓는 항목은 여러 가지다. 심지어 술을 잘 마시느냐, 술이 약하냐, 잘 노느냐, 아니냐 등 꼭 일과 관계없는 부분까지도 일단 평판이 형성되면 웬만하면 바꾸기 어렵다.

후배 중 술을 무척 잘하는 후배가 있었다. 주량이 세다 보니 직장 회식자리에서 모든 남자들이 다 취해 나가떨어져도 그 후배만 끄떡없었다. 이 소문은 몇 번의 회식 후 회사 내에 모두 퍼져 다른 부서에도 이런 사실이 알려졌다. 이 후배는 일도 잘하고, 대인관계도 원만하고, 성실하고, 정말이지 흠 잡을 데 없이 훌륭한 재원이었는데, 이 후배에 대해 소문만 들은 사람들의 첫마디는 이것이었다.

‘술을 무지무지 잘한다더라.’

물론 이 후배를 직접 아는 부서원들은 이 후배의 여러 장점을 익히 잘 알지만, 다른 사람들의 입을 통해 이 후배에 대해 들은 다른 부서원들은 이 후배를 그저 ‘사내에서 가장 술이 센 여성’으로만 기억했다. 무엇보다도 ‘술을 잘 마신다’는 꼬리표가 이 후배를 계속 쫓아다니는 것이 문제였다.

한번은 이 후배가 건강상 문제로 회식자리에서 술을 멀리한 적이 있었는데, 후배의 주량에 대해 익히 들어 알고 있던 다른 동료들이 ‘술이 무척 세다고 들었는데 왜 술을 마시지 않느냐’는 반응을 보였던 것이다. 어쨌든, 이 후배가 ‘술이 세다’는 평판을 바꾸는 데 거의 10년이 걸렸다. 잘하는 것이든 못하는 것이든 일단 사람들의 평가가 형성되면 이만큼 바꾸기가 어려운 법이다.

그렇다면, 평판이 왜 중요한가? 평판은 자신에 대한 다른 사람들의 평가다. 그리고 주위 사람들의 평판은 거의 정확하다. 이것은 '포장'이 불가능하다. 자신의 민낯이라고 보면 된다. 누군가를 채용할 때, 또는 회사 내 어떤 자리에 누군가를 추천할 때에는 반드시 그 사람에 대해 평판 조회를 한다. 10분간의 면접이나 자기소개서만으로는 그 사람에 대해 정확히 알 수 없기 때문이다. 특히, 이직에서 평판조회는 필수적이다.

연수원 제자들 중 첫 취업은 작은 법률사무실에서 했다가 2~3년 사이 좀 더 큰 법률사무실로 옮긴 제자들이 몇 명 있다. 그런데 이들이 좀 더 큰 직장으로 옮긴 과정을 보면 하나같이 첫 직장에서 열심히 일하면서 좋은 평판을 얻었다는 공통점이 있다.

내가 지금 있는 곳이 내가 원하던 곳이든, 아니면 내 성에 차지 않는 곳이든 지금 내가 발붙이고 있는 이곳에서 열심히 해야만 좀 더 나은 내일을 기약할 수 있다.

'이곳은 내가 영원히 있을 곳이 아니야. 나는 여기에 있을 사람이 아니야. 여기는 내가 잠시 스쳐 지나가는 곳일 뿐이야'라고 생각하면서 불만에 찬 표정으로 슬렁슬렁 일한다면 나중에 더 큰 회사로 옮길 좋은 기회를 잡더라도 평판조회에서 미끄러질 가능성이 매우 크다.

이렇듯 한 번 형성된 평판은 꼬리표처럼 평생 자신을 따라다닌다. 바꾸기도 쉽지 않다. 그러면 사회생활에서 첫 단추를 잘못 끼운 사람들에게 영원히 미래는 없는 걸까? 꼭 그런 건 아니다. 첫 단추를 잘못

끼우더라도 중간에 단추를 풀고 다시 제대로 끼워나가면 되는 것처럼, 시간이 좀 걸리기는 하지만, 잘못된 평판도 노력으로 바꿀 수 있다.

나 역시 평판 개선에 성공한 경우다. 처음 직장 생활을 시작하면서 가졌던 직장관은 '주어진 일은 열심히 하되, 그 외의 시간은 나를 위해 쓴다'는 것이었다. 일을 빨리하는 스타일이라 다른 판사들보다 앞서 일을 마치고 퇴근 후에는 마음껏 여가를 즐겼다. 사람 만나는 것을 좋아하다 보니 자연스레 저녁 약속도 많았고, 평소 배우고 싶던 운동도 배우고, 취미 활동도 하면서 첫 10년을 즐겁게 보냈다.

이런 내게 돌아온 평가는 '발이 넓은 판사'였다. 일로 인정받겠다는 바람을 가져보지 않다 보니 일에 혼신의 노력을 기울이지 않는 것은 당연했다. 이런 과정이 1년, 2년을 거쳐 10년이 되고 보니 어느새 다른 동료 판사들보다 뒤처져있는 나 자신을 발견하게 되었다.

내가 일에 대해 철저한 자세를 가지게 된 것은 고등법원 판사 시절부터였다. 그때가 판사 13년 차였으니 늦게 철들었다고 해야 하나. 부장판사가 된 이후에는 정말 누구보다 열심히 일했다. 새벽까지 일하다가 늦게 퇴근하는 날도 잦았다. 그렇게 5~6년 지나다 보니 차츰 주변에서 '일 잘한다'는 이야기를 듣게 되었다. 인정받고 싶은 욕구는 누구나 가지기 마련이다. 거의 20년 차 판사가 되었을 때 비로소 '일도 잘하는 판사'라는 평판을 얻게 되었고, 인정받을 수 있었다.

첫 단추를 잘 끼우는 것이 중요하듯 처음에 어떤 평판을 쌓아가느냐가 중요하다. 그리고 이렇게 쌓인 평판은 잘 바뀌지 않는다. 그러나 첫 단추를 잘못 끼웠다고 너무 좌절할 필요는 없다. 인생에는 세 번의 기회가 있다고 하는데 평판을 바꿀 기회를 '찬스'로 쓸 수 있다. 그 찬스에서 최선을 다하다 보면 '내가 원하는 나 자신'이 될 수 있다.

어리다고
기죽지 마라

04

　직장 생활 초반에 범하기 쉬운 실수 중 하나는 '어리다'는 생각에 업무상 대하는 상대방에게 지나치게 예의 바르게 행동하다가 얕보이게 되는 것이다. 이건 회사 내에서도 마찬가지다. 업무 관계에서 나이를 의식할 필요는 없다. 상대방이 나를 얕본다면 그건 나 개인뿐만 아니라 내가 속한 회사를 얕보는 것이기도 하다. 때에 따라서는 무례하게 행동하는 상대방에게 단호하게 대응해야 한다.

　부끄럽지만 후배들에게 들려주고 싶은 내 경험담이 있다.
　'따르릉~' 1995년 7월 27일, 새벽 4시쯤 판사실 전화벨이 울렸다. 그 날 나는 영장 당직 중이었다.
　"전주혜 판사님이시죠. 서울지검 000 검사입니다."
　전화 수화기 너머로 들려온 목소리는 낮고 굵은 음성에 조금 거칠었다. 다소 취기마저 느껴졌다.

"네, 그런데 무슨 일이시죠?"

지금과는 달리 그때는 영장 당직 판사가 그 날 접수된 영장 사건을 담당하던 때였다. 평상시에도 30~40건의 구속영장 사건이 접수된다. 일일이 기록을 살펴보고 영장 발부 여부를 신중하게 결정하다 보면 다음 날 새벽까지도 사건을 처리하는 경우가 다반사였다. 그런데 공교롭게도 그 날은 삼풍백화점 붕괴사고 관련자들에 대한 영장 재청구 사건까지 접수되었다.

1995년 6월 29일 발생한 삼풍백화점 붕괴사고는 부실시공으로 삼풍백화점이 무너져 내리는 바람에 수백 명의 사람들이 죽거나 다친 대형 참사였다. 인명피해가 워낙 크다 보니 부실시공에 대한 사회적 비난이 하늘을 찌를 듯 높았고, 사고 직후 바로 관련자들을 상대로 수사가 진행되었다. 대부분의 관련자들에 대한 영장은 발부되었으나 건설현장을 담당했던 철근 반장과 형틀 반장에 대한 영장은 기각되었다. 영장이 기각되자마자 검찰에서는 바로 추가 보강수사를 한 다음 이 두 사람에 대해 다시 영장을 청구했는데, 바로 이 사건을 내가 담당하게 된 것이다.

워낙 사회적으로 쟁점이 된 중요한 사건이다 보니 심적으로 많은 부담이 되었다. 기록도 방대해서 다른 당직 날보다 빠른 오후 2시쯤 기록이 사무실에 올려졌다. 그때부터 저녁 식사도 거른 채 10시간 정도 기록을 검토한 다음 심사숙고한 끝에 한 명에 대해서는 영장을 발부하고, 나머지 한 명에 대해서는 영장을 다시 기각했다. 보강수사에도 불구하고 한 명에 대해서는 여전히 혐의사실, 즉 부실시공책임에 대한 소명이 부족했다고 판단했기 때문이다.

사회적으로 중요한 사건이기는 하지만, 한번 법원에서 영장을 기각한 사건이다 보니 영장 발부 여부에 정말 많은 고심을 했고, 검찰에서 충분히 보강수사를 했는지 기록을 검토하는 데 많은 시간이 들었다. 자정쯤 되어서야 구속영장 발부 여부를 결정한 다음 기록을 내려보냈다. 그리고 그 후 다른 구속영장 사건을 처리하다 보니 시간은 어느덧 새벽 4시가 되었다. 그 새벽에 전화를 한 검사는 삼풍백화점 영장 재청구사건을 담당한 검사였다.

"한 명은 영장을 발부하고, 한 명은 기각했는데 도대체 기각한 이유가 뭡니까? 설명해 보세요."

그 당시만 하더라도 중요사건에서 영장이 기각되면 담당 검사가 판사실로 항의전화를 하는 경우가 가끔 있기는 했지만, 새벽에 불쑥 전화하는 경우는 들어 보지도, 겪어 보지도 못했던 터라 무척 황당했다. 게다가 나를 더욱 화나게 한 것은 검사의 말투였다. 당시 나는 4년 차 판사였고, 영장검사는 나보다 7~8년 정도 연수원 기수가 높았는데, 그는 나를 마치 후배검사 취급하듯 말하는 것이었다. 법원과 검찰은 엄연히 다른 조직인데도 말이다. 영장기각사유는 기록에 기재해 두어 읽어보면 되는데, 설명하라는 것도 무척 무례한 말이었다. 그리고 공적 관계에서 나에 대한 무례한 행동은 나 개인을 넘어 법원에 대한 무례함으로까지 비춰질 수 있는 일이었다.

당연히 나는 그의 무례함에 대해 엄중히 따졌어야 했다. 분명히 그랬어야 했다. 그런데 그 와중에 내 머릿속에 떠올랐던 생각은 어이없게도 이것이었다.

'이 검사는 지금 흥분한 상태니까 내가 같이 목소리를 높일 필요는 없어. 만약 그랬다가 젊은 여자 판사가 건방지다는 말을 듣게 될지도 몰라…….'

당시 서울지방법원(2004년 서울중앙지방법원으로 명칭이 변경되었다) 형사부 약 50명의 판사 중 여자 판사는 4년 차인 나와 3년 차 판사 단 두 명이었고, 둘 다 20대였다. 여자 판사가 워낙 소수다 보니 모든 것이 조심스러웠던 시절이었다. 영장검사의 일방적인 이야기를 듣는 동안 내 머릿속에는 '대꾸하지 말자'는 소극적 대응방식만이 머리를 맴돌았다. 한참 혼자 떠벌이는 것을 듣다가 조용히 이야기했다.

"영장기각사유는 기록 부전지에 쓰여 있습니다. 그걸 읽어보시면 됩니다. 이만 전화 끊겠습니다."

이 사건은 그 후 법원의 독립성에 대한 부당한 간섭으로 법원장님이 검찰에 유감을 표시하고, 검사장님의 사과를 듣는 것으로 일단락되기는 했지만, 영장검사의 개인적인 사과는 결국 없었다.

22년간의 판사 생활 중 가장 부끄러운 것이 바로 이 일이다. 영장검사가 나보다 연수원 기수가 더 높기는 하지만, 사적인 일이 아니라 공적인 일로 부딪친 이상 나는 판사 개인이 아니라 내가 속한 법원을 대표한다는 생각으로 당당하게 대응했어야 했다. 나이가 어리더라도 외부관계에서는 나이나 법조 경력을 의식하지 말고 당당하게 행동했어야 했다. 영장검사에 맞서 같이 화내면서 언성을 높일 필요는 없지만, 그의 무례한 태도나 법원 재판에 관한 간섭에 대해 차분하면서도 이성적으로 엄중히 따졌어야 했다.

그런데 그런 상황에서 문제를 확대시키지 않고자, 그리고 맞대응을 할 경우에 혹시라도 몇 명 되지 않는 여성 법조인들, 또는 나 개인에 대해 좋지 않은 소리를 듣게 될까 봐 무례한 대우를 받으면서도 별다른 문제 제기도 하지 않은 채 전화를 끊었다는 사실이 나는 한없이 부끄러웠다.

그 무렵 쓴 일기장에는 다음과 같은 글이 적혀 있다.

"법원의 일원으로서 일을 접할 때는 법원을 대표한다는 생각으로 언제나 '당당하게' 행동하자!"

이건 어디에서나 마찬가지이다. 일과 관련해서 외부 사람을 대하게 될 때 내가 어리다고, 사회경력이 얼마 되지 않는다고 기죽을 필요가 전혀 없다. 비록 상대방이 나이가 많거나 경력이 더 많을지라도 내가 속한 조직을 대표한다는 생각으로 항상 당당하게 행동해야 한다.

물론 회사 내에서도 마찬가지다. 아래 직원이 나보다 나이가 많을 수도 있다. 이럴 때에도 업무 관계에서 예의는 지키되 지나치게 나이를 의식할 필요는 없다. 아래 직원에게 일을 지시하거나 시정을 구할 때는 직책에 맞게 행동해야 하고, 또 경우에 따라서는 단호하게 대응해야 한다. '어리다고 기죽지 마라. 항상 당당 하라!'

현모양처 생각을
집어치워라

05

　얼마 전 흥미 있는 신문 기사를 읽었다. 영국 경제주간지인 〈이코노미스트지*The Economist*〉에서 전 세계의 출산율 저하 현상을 다룬 기사 내용이었다. 기사에 따르면 한국은 34개 OECD 회원국 중 출산율이 1.2명으로 가장 낮았고, 성인남녀의 미혼비중 역시 40%로 OECD 회원국 중 가장 높았다. 특히 학위를 가진 여성 중 미혼 비율이 3분의 1을 웃도는 것으로 조사됐다.

　이코노미스트지는 이런 현상이 일어나는 이유로 여성들이 육아와 살림, 시부모 봉양 등 전통적 역할을 계속 수행해주길 바라는 남성의 기대 수준과 자신의 꿈과 일에 더 몰두하려는 여성의 인식 차이에서 발생한다고 분석했다. 또한, 이로 인해 결혼하더라도 아이를 하나만 낳는 가정이 많아지고 있다는 것이다. 따라서 보육비 지원 같은 국가정책도 필요하지만, 한국의 경우엔 남성들이 1960년대식 현모양처의 여성관에서 탈피하는 게 더 시급하다고 분석했다.

대체로 맞벌이 부부더라도 집안일은 주로 여자가 맡는 가정이 많다. 육아는 더욱 그러하다. 이런 형편이다 보니 결혼해서 일은 일대로, 집안일은 집안일대로 떠안고 살 바에는 차라리 혼자 사는 편을 택하겠다는 여성들이 많이 생긴다. 또한, 결혼하더라도 아이 없이 사는 쪽을 택하는 부부들도 생겨난다. 어찌 보면 능력 있는 여성들에게는 결혼이 '고생문'인 것이다. 그러나 다른 한편으로는 점차 집안일과 육아를 돕는 남편들도 늘어나고 있다. 특히 워킹맘의 경우, 집안일과 육아에서 남편의 참여는 선택이 아니라 필수이다.

얼마 전 백화점에 갔다가 우연히 남자 후배를 만났다. 그는 편한 운동복 차림에 아이를 안고 있었다. 그 후배 부부는 맞벌이였는데, 부인은 보이지 않았다.

"와이프는 집에서 둘째를 보고 있어요."

주말에 어린 아이 둘을 집에서만 돌보는 것은 회사 야근보다 훨씬 힘들다. 이런 경우 좀 더 쉽게 아이를 보는 방법은 외출이다. 백화점이나 마트만 가도 볼거리가 많아서 아이를 돌보기가 수월하다. 돌도 안 된 둘째는 데리고 나오기가 어려워 엄마가 집에서 보고, 후배는 큰 애를 데리고 시간을 보내기 위해 집에서 가까운 거리에 있는 백화점에 온 것이다. 주말이라 그런지 면도도 안 하고(못한 것일 수도 있다), 운동복 바지에 티셔츠 차림으로 나온 후배를 보니 육아에 지친 일면을 엿볼 수 있었다.

전에 같이 근무했던 한 직원은 맞벌이인 부인이 쌍둥이를 낳자 저녁 약속을 전혀 잡지 않고 퇴근 후 바로 집으로 직행했다. 또 몇 년 전 같은 재판부에 근무했던 남자 배석판사는 맞벌이인 부인을 대신해서 아이의 유치원 행사에 참석하기도 했다.

일하는 여성들이 점점 늘고 있는 만큼 이렇게 육아에 적극적으로 참여하는 남편의 증가 역시 당연히 필요하다. 요즘 20대, 30대 부부들을 보면 남편이 육아와 가사에 적극적으로 참여하는 경우가 많다. 그럼에도 불구하고 다른 나라들과 비교하면 아직도 한국사회에서는 육아와 가사에 있어 남편의 참여도는 그다지 높은 점수를 받지 못하는 것 같다.

결국, 세상이 변하려면 먼저 생각의 변화가 필요하다. 물론 일하는 여성과 결혼하면서도 육아와 가사에는 전혀 참여하지 않고, 오로지 남편으로서 '왕 대접'을 받으려는 남성들의 생각도 변해야 한다. 하지만, 그에 앞서 여성 스스로 전통적인 결혼관에서 벗어나 동등한 부부관계에서 자신의 권리를 당당하게 요구해야 한다.

서구의 여성 참정권이 저절로 주어진 것이 아니라 몇십 년간에 걸친 여성들의 노력 때문이듯, 변화에는 스스로 노력이 필요하다.

결혼 후에도 일을 계속하려는 여성이라면 이 사람과 결혼할지 말지를 결정할 때 그 사람의 능력도 물론 눈여겨봐야 하지만, 무엇보다 내가 일하는 것을 이해해 주고 인정해줄 사람인지 아닌지를 우선적으로 봐야 한다.

아무리 높은 학벌과 능력은 물론 좋은 집안에 외모까지 갖춘 '완소남'이라도 아내가 일하는 것을 이해해 주지 않고 자신에게 맞춰 주기를 원하는 '왕자병' 내지 가부장적 결혼관을 가진 사람이라면, 다시 한 번 결혼을 진지하게 생각해 보아야 한다.

일 때문에 자신보다 늦게 퇴근하는 아내를 이해하지 못하는 남자, 부서 회식도 업무의 연장선인 우리나라에서 자신이 회식에 참석했다가 집에 늦게 오는 건 괜찮지만, 아내가 가끔 있는 부서 회식에 참석하는 것은 용납하지 못하는 남자라면 설령 그 남자가 아무리 괜찮은 남자더라도 여성의 입장에서는 일과 가정을 양립하기가 쉽지 않을 것이다. 스스로 발전을 꿈꾸는 여성이라면 더더욱 그렇다.

몇 년 전 방송된 TV 드라마 〈세 번 결혼하는 여자〉에서 주인공 은수는 재벌 2세 준구와 재혼한다. 재벌 사모님이 된 은수. 으리으리한 집에는 일하는 사람도 여러 명이다. 그러나 신데렐라가 된 은수의 삶은 결코 편하지 않다. 어느 날 은수는 방에서 준구와 가벼운 말다툼을 하다가 갑자기 이렇게 소리친다.

"이 방에서만큼은 자유이고 싶어요. 이 집에서 내가 편하게 지낼 수 있는 공간은 여기밖에 없어요. 방 밖은 집이 아니라 내게는 직장이라고요!"

십여 년 전, 법원 해외연수에 선발되어 미국 대학에 10개월간 방문과정(visiting scholar)을 가게 되었다. 당시 경제연구소에 근무하던 남편은 회사에 해외연수 프로그램이 없었기 때문에 기간을 맞춰서 함께

갈 수 없는 형편이었다. 게다가 '거창한' 공부를 하러 가는 것도 아니라서 남편이 직장을 휴직하고 같이 갈 필요까지는 없었다.

물론 10개월간 떨어져 지내는 것이 아쉽기는 했지만, 미국 해외연수를 위해 몇 년간 준비하고 바랐던 나로서는 좋은 기회를 놓칠 수 없었다. 남편 역시 나 혼자 해외연수를 가는 것을 응원해 주었다. 해외연수를 앞두고 다른 방에 인사를 다니는데, 같은 법원에 근무하던 3년 위 선배가 이렇게 말했다.

"남편이 무척 관대한가 봐. 전 판사 혼자서 해외연수 가는 걸 승낙해 주고 말이야."

'네~'하고 말았지만, 사실 내 마음속으로는 이렇게 말하고 있었다. '승낙? 내가 내 힘으로 가는데 무슨 승낙이 필요해?' 만에 하나 남편이 반대를 했더라도 나는 해외연수를 갔을 것이다. 물론 이런 상황에서 남편의 이해는 필요하지만, '갈지 말지'는 내가 결정할 문제지 결코 남편에게 결정권이 있는 것이 아니다. 그런데 그 선배의 말투는 마치 결정권을 가진 남편이 나에게 허락을 해 주어 가게 되는 것처럼 들렸다.

세상이 변하는 만큼 부부관계 역시 전통적인 부부관계에서 좀 더 수평적인 관계로 변해야 한다. 이런 점에서 남편에 대한 존중과 동반자로서 소중하게 생각하는 마음은 필요하지만, 여성 스스로 전통적인 현모양처의 결혼관에서 벗어나 자신의 권리를 요구하려는 당당함이 필요하다.

부딪쳐가면서 배워라

06

남성들은 소위 중요 보직을 여성에게 맡기지 않는 이유로, 이런 업무에 적합한 경험이 있는 여성이 별로 없다는 이유를 든다. 그러나 이는 핑계에 불과하다. 어느 일이나 처음부터 잘하는 사람은 그다지 많지 않다. 일은 하면 할수록 전문성도 생기고, 노하우도 생기기 마련이다. 그럼에도 불구하고 중요 보직에 여성이 적은 이유는, 회사에서 여성들에게 그 자리에 올라갈 수 있는 경험과 능력을 쌓을 기회를 별로 주지 않았거나, 아니면 그런 기회가 주어졌는데도 육아 등의 이유로 여성 스스로 이런 기회를 잡지 못한 데 원인이 있다.

경험보다 좋은 스승은 없다. 미래를 꿈꾸는 여성이라면 여러 가지 경험을 쌓을 기회를 스스로 찾고, 또 자신에게 이런 기회가 주어졌을 때 이를 발전의 기회로 적극적으로 활용해야 한다.

자기 계발과 관련해서 후배들에게 자주 하는 말이 '트레이닝 (Training)론'이다.

『처음부터 잘하는 사람은 없다. 매번 훈련하듯이 반복하다 보면 저절로 실력이 늘어난다. 그러니까 안 해 봤다고 손사래 치지 말고, 부딪쳐가면서 배워라!』

2003년 출간된 힐러리 클린턴의 자서전인 《살아있는 역사*Living History*》를 읽으면서 가장 흥미로웠던 것은 그녀가 어렸을 때부터 자라나면서 다양한 기회를 통해 정치에 대한 경험을 쌓아가는 과정이었다.

어린 시절의 힐러리 클린턴은 걸 스카우트 활동을 시작으로 중학교 2학년 때인 1960년에는 대선 부정투표를 밝히기 위한 공화당 자원봉사자로 지원해 활동했고, 고등학교 때에는 '문화적 가치 위원회 (Cultural Values Committee)' 활동을 했다. 또 대학교 입학 직전인 1964년에는 대통령 후보들의 모의 토론회에 참가했고, 웨슬리 대학교 재학 중이던 1968년에는 웨슬리 대학교 연수 프로그램 일환으로 워싱턴의 정부기관과 국회 사무실에서 두 달 동안 인턴과정을 밟았다. 그리고 1974년에는 대통령 탄핵조사단 활동을 하기도 했다.

나는 마치 트레이닝을 하듯 힐러리 클린턴이 지나온 길을 보면서 '어렸을 때부터 이런 과정을 하나하나 밟아 가면서 한 명의 정치인이 탄생하는구나' 하는 생각이 들었다.

어떤 분야에 대해 아느냐, 모르느냐는 주로 '그 분야에서 일할 기회를 가졌느냐'의 여부에 따라 결정된다. 물론, 공부를 통해 지식을 얻을 수는 있지만, 그 분야의 실무 전문가가 되기 위해서는 현장 경험이 가장 중요하다. 예를 들어, 파산전문변호사가 되는 가장 좋은 방법은 파산사건을 많이 다루어보는 것이다. 처음에는 서투를지 몰라도 계속 파산사건을 다루다 보면 자연스럽게 전문성을 갖추고 그 분야의 전문 가가 되듯이, 경험만큼 좋은 스승은 없다.

따라서 어느 한 분야의 전문가가 되고 싶다면 그 분야의 부서에 지 원하는 것이 가장 현명한 방법이다. 그러나 어떤 기회를 가지고 싶다 고 해서 반드시 그 기회가 주어지는 건 아니다. 인기 부서일수록 지원 자도 많고, 지원에서 미끄러질 수도 있다.

또한, 어느 특정 중요 부서에 대한 기회에 있어서 '유리 천장'이 존 재해 왔던 것도 사실이다. 한편으로는 결혼해서 아이가 생기면 일과 육아의 병행으로 좋은 기회가 주어져도 선뜻 지원하기 어려운 경우가 있다. 중요 부서일수록 퇴근도 늦고 주말근무도 상시체제라 아이가 어 린 경우에는 이런 기회가 주어졌을 때 '가야 하나, 말아야 하나' 심각 하게 고민을 할 수밖에 없다.

그러나 내 생각은 정말로 놓치고 싶지 않은 좋은 기회라면 아무리 힘들더라도 과감하게 받아들여야 한다. 다시 말하여 처음부터 '잘하 는' 사람은 없지만, 경험만큼 좋은 스승도 없다. 한번 어떤 분야에 발 을 들여놓으면, 계속 그 분야에서 일할 기회를 가지게 된다. 그런데 첫 기회를 놓쳐 버리면 영영 그 기회를 잡지 못할 수도 있다. 한 번 떠난 버스는 아무리 기다려도 돌아오지 않는 법. 후회해도 소용없다.

법원에서의 경험을 봐도 그렇다. 법원에서 일하는 판사들 중 형사재판 업무를 기피하는 판사들이 간혹 있다. 업무량도 많은 데다가 무엇보다 피고인들에 대해 형량을 정하는 데 심적 부담도 느끼기 때문이다. 그런데 이런 이유로 한 번 두 번 형사부 지원을 피하다 보면 어느 순간부터는 민사재판만 담당하는 반쪽짜리 판사가 되기 십상이다.

이유는 이렇다. 형사합의부 재판장은 인신구속을 담당할 뿐만 아니라 재판진행에 대한 순발력과 경륜이 필요하다. 그러다 보니 사무분담에서 형사합의부 재판장을 정할 때 가장 중요한 것은 '형사재판 경험이 있느냐'의 여부이다. 즉, 단독판사 시절 형사재판업무를 맡아 본 사람에게 주로 형사합의부 재판업무를 맡기게 되고, 한번 형사합의부 재판업무를 담당하게 되면 그 후 다른 법원으로 옮기더라도 같은 업무를 하기 쉽다. 따라서 단독판사 시절 이런저런 이유로 형사단독판사를 지원하지 않거나 그 기회를 거절한 경우에는, 형사재판경험이 없다 보니 부장판사가 되더라도 민사재판만 맡게 될 가능성이 높다. 민사, 형사 업무를 두루두루 하는 것이 아니라 한쪽만 하는 '반쪽짜리 판사'가 될 수 있는 것이다.

판사로 근무할 때 후배들, 특히 여성 후배 판사들에게 자주 했던 말도 '단독판사 시절에 형사재판 업무를 한 번 정도는 꼭 지원하라'는 것이었다. 그렇지 않으면, 형사재판장 경험이 없다는 이유로 계속해서 형사재판 업무에서 배제될 수 있고, 이것은 본인에게도 절대로 바람직하지 않다.

안 해 본 업무를 처음 한다고 해서 너무 걱정할 필요는 없다. 새로운 업무를 익히는 데 많은 시간이 걸리는 건 아니다. 따라서 중요 보직에 과감하게 여성을 기용하면, 처음 해 보는 일이라도 대번에 업무를 익히고 적응할 수 있다. 그동안 새로운 업무를 해 볼 트레이닝의 기회가 없어서 그런 것이지 결코 능력이 부족해서가 아니기 때문이다.

직장 생활 초반에는 다양한 업무경험을 쌓는 것이 좋다. 안 해 본 일이라고 망설일 필요가 없다. 처음부터 잘 한 사람은 없다. 하다 보면 익숙해지고, 실력도 늘어난다. 부딪쳐가면서 배우려는 용기만 있다면 못 할 것이 없다. 이러한 자세는 워킹맘이 되어서도 마찬가지다. 워킹맘은 중요 부서에 지원하고 싶어도 본인의 여건상 망설여질 수 있다. 그러나 정말 탐나는 좋은 기회라면 한번 도전해 볼 수 있다.

무엇보다도 '안 해 봤는데 잘 할 수 있을까'하는 생각으로 좋은 기회가 왔을 때 스스로 날려버리는 우를 범하지 말아야 한다. 먼저 스스로 적극성을 가지고 부딪쳐가면서 배워 나가다 보면 어느덧 새로운 업무에 익숙해질 것이다.

네트워킹의
기초를 닦아라

07

사회생활을 하면서 새롭게 인간관계를 형성하는 경우가 많다. 네트워킹(networking, 인적 정보망 형성)은 단순히 사교로만 그치는 것이 아니라 직장에 따라서는 일의 성과에 영향을 미치기도 한다. 친구도 오랜 친구가 편하다고, 사회생활을 하면서 알게 된 사람들 역시 20대, 30대부터 알고 지낸 사람이 훨씬 편하고 가깝다. 직장 생활 초창기에 새롭게 형성되는 인간관계를 통해 앞으로 몇 십 년간 지속할 수 있는 네트워킹의 기초를 닦는다면, 생각지도 않은 큰 인적 자산을 얻을 수 있는 것이다.

미국 헤드헌터 회사 이스트먼 보딘사의 CEO인 밥 보딘이 2009년 출간한 《후 *The Power of Who*》에는 네트워킹에 대해 귀담을만한 대목이 많이 나온다.

저자는 이 책에서 'Who'를 '나에게 진정한 관심을 쏟고 가치를 함께 공유할 수 있는 사람'으로 정의한다. 오랜 기간 헤드헌터로 일해 온 저자의 산 경험에 의하면, 아는 것보다 '관계'가 훨씬 중요하고, 진심으로 관심을 갖고 신경을 써주는 일 역시 서로의 관계가 깊어졌을 때 가능하다. [1]

그는 '아무나'와 '누군가(Who)'를 구분하려는 통찰력이 필요하다고 역설한다.

『'아무나'는 당신의 꿈에 대해 진심으로 관심을 갖지 않는다. 그러니 그들에게 도움을 요청하느라 시간을 낭비할 필요가 없다. 또, '아무나'는 당신을 개인적으로 잘 알지 못한다. 그들은 자기 일을 하는 데만도 너무 바빠서 시간을 내어 당신을 도우려 하지 않는다. 이에 반해 '누군가(Who)'는 당신과 당신의 꿈에 대해 진심으로 관심을 가지고, 또한 당신을 개인적으로 알고 싶어 기꺼이 시간을 낸다. 그들은 기꺼이 자신들의 노력과 시간을 투자하여 최선을 다해 당신에게 충고를 하고 도움을 준다.』

그는 또, 다음과 같이 충고한다.

『'Who'는 먼 곳에 있지 않다. 이미 당신 곁에 있다. '수년'간 '관계를' 쌓아온 사람들 중에 있다. 그러니, 당신 주위에 이미 있는 'Who'를 찾아 당신의 'Who'들을 가꾸는 데 시간을 투자하라.』

1) 밥 보딘 저, 김병철 · 조혜연 공역 《WHO 후 – 내안의 100명의 힘》 웅진지식하우스 (2009)

내게 네트워킹이 뭐냐고 묻는다면, 'Who'를 만들어가는 과정이라고 답하겠다. 몇 명을 아는 것보다 얼마나 깊이 아느냐가 중요하다. 즉, '양'보다 '질'이다. 20대, 30대에 네트워킹의 기초를 쌓는 것은 이런 'Who'를 만들어가는 과정이다. 관계는 시간에 비례한다. 오랜만에 만나도 편안한 것이 학교 친구들이다. 사회에서 만난 사람들 중 정말 마음이 통하고 진심으로 위하는 관계가 되기까지는 최소한 5년, 대개 10년이 걸린다.

'사회 친구'라고 할 정도로 나와 오랜 기간 친분을 유지해 온 사람들 역시 주로 20대, 30대 때 만난 사람들이다. 20대 초임판사 시절 당시 법원출입기자 중에는 비슷한 또래가 많았다. 처음에는 업무 관계로 알게 되었지만 비슷한 또래다 보니 금방 친해지고, 식사도 하면서 자주 어울렸었다. 그 후 나는 지방 근무를 가고, 대다수 기자들은 법조를 떠나 다른 부서로 이동했지만 그 중 2명의 기자와는 계속 연락을 주고받는 사이가 됐고, 아직까지도 계속 만남을 지속하고 있다.

처음에는 배석판사와 법조 막내기자 사이로 만났지만, 시간이 지나면서 나는 배석판사에서 단독판사, 부장판사로, 그 기자들 역시 초임기자에서 차장, 부장으로 발전해 갔고, 20년 이상 각자 자신의 분야에서 성장하는 모습을 서로 지켜보고 격려해 주는 사이가 되었다.

나는 물론 그 기자들도 모두 어떤 목적에서 친해진 건 아니다. 그저 나이도 비슷하고, 이야기도 잘 통하다 보니 저절로 친해진 것이다. 그런데 사회생활을 계속 하다 보니 각자 자신의 분야에서 발전하게 되고, 내가 도움을 필요로 할 때 그들은 열일 젖히고 달려와 주고, 나 역시 그들이 필요로 할 때 기꺼이 시간을 내는 것이다. 그들은 진정한 나의 'Who'이고, 젊은 시절 네트워킹의 기초를 닦은 결과 이런 소중한 친구들을 얻게 되었다.

흔히 휴대폰의 전화번호부에 몇 명의 전화번호가 저장되어 있는지를 네트워킹의 척도로 삼지만, 이는 착각이다. 밥 보딘 역시 주소록에 5,365명의 사람들 연락처가 데이터베이스화되어 있지만, 지난 10년간 실제로 자신의 삶과 사업에 중요한 영향을 미친 사람들은 불과 87명이라고 서술하고 있다. 채 2%도 되지 않는 것이다.

나 역시 그렇다. 매년 새로운 사람들을 만날 기회가 있지만 그 중에는 일회성에 그치는 경우도 많고, 몇 년 동안 단 한 번도 연락하지 않은 채 휴대폰에 전화번호만 저장되어 있는 사람도 많다.

관계가 중요하기는 하지만, 그렇다고 아는 사람만 계속해서 만나라는 건 아니다. 외연을 넓혀가면서 새롭게 알게 되는 사람들 중 나와 통하고 계속 친분을 유지할 만한 사람을 새롭게 만들고, 그 사람과 계속 연락하면서 친분을 차츰차츰 쌓아가는 것도 필요하다. 그러다 보면 'Who'가 조금씩 조금씩 늘어난다.

살을 빼는 것도 어렵지만 뺀 다음 유지하는 것이 더 어렵듯, 네트워킹 역시 알게 되는 것보다 관계를 유지시켜 가는 것이 훨씬 중요하다. 그렇지 않으면 일회성 만남만 지속될 뿐이다. 친한 사람일수록 그 관계를 소중하게 생각하고 계속 가꿔가야 하는 것이다.

인간관계에 있어서 내 신조는 '먼저 도움을 주자'는 것이다. 'Give and Take'에서도 Give가 먼저이듯, 받으려고만 하지 않고 먼저 주는 사람이 되려고 노력하는 편이다. 사람들을 만나다 보면 주기보다는 받으려고만 하는 사람들을 가끔 본다. 또 자기가 급할 때 부탁하고, 그 후 고맙다는 인사조차 하지 않는 사람들도 꽤 있다.

손해 보지 않고 살 수는 있겠지만, 너무 계산적인 사람들에게는 별 마음이 가지 않는 것이 인지상정이다. 내가 먼저 호의를 베풀고, 상대방에게 도움이 되는 사람이 되면 자연스럽게 상대방 역시 나에게 호감을 가지게 된다. 또, 그 편이 마음도 편하다.

네트워킹에 관심이 있다면 사회생활을 통해 새로 알게 되는 사람들 중 앞으로 계속 친분을 유지할 수 있는 사람을 만들고, 그 사람과의 관계를 돈독하게 유지해 가는 것이 현명한 방법이다. 새로 산 차, 옷은 물론 새 집도 좋지만 친구는 오랜 친구가 훨씬 좋은 법. 시작은 빠르면 빠를수록 더 좋다.

이왕 할 거면
웃으면서 하라

직장 상사로서 아랫사람이 고맙게 여겨지는 순간은 언제일까? 맡긴 일을 완벽하게 해 냈을 때, 궂은 일을 자청할 때, 진심으로 상사를 위해줄 때 등등 고마움을 느끼는 순간은 많다. 꼭 거창한 것이 아니어도 직장 상사들은 사소한 것에도 큰 고마움을 느끼기도 한다. 바로, 힘든 일을 '웃으면서' 할 때이다.

법원에 근무할 당시 일이다. 합의부는 재판장인 부장판사와 2명의 배석판사로 구성된다. 모든 사건에는 주심판사가 정해져 있다. '나' 주심 사건은 우배석판사, '다' 주심 사건은 좌배석판사가 주심이다. 세상이 모두에게 공평할 수는 없기에 판사들의 업무량 역시 조금씩의 차이가 있다. 사건배당은 컴퓨터로 정해지는데, 사건마다 난이도가 다르다 보니 어떤 판사에게는 유독 복잡하고 어려운 사건만 배당되는 경우도 있고, 또 어떤 판사에게는 비교적 간단한 사건만 배당되는 경우도 있다. 때로는 기록도 방대하고 복잡한 사건을 배당받을 수도 있는데, 이미 배당이 끝난 이상 '운이 없다'고 아무리 불평한들 달라지는 건 아무것도 없다.

 복잡한 사건이 결심(結審)되고 난 다음 판결문을 작성하는 동안 불만이 가득한 얼굴로 다닌들 사정이 달라지는 것도 아니고, 보는 사람 마음만 불편할 뿐이다. 물론, 사람인 이상 무슨 좋은 일이라고 싱글벙글 웃고 다닐 수는 없지만, 그래도 주어진 일을 불평하지 않고 하는 태도는 자신에게도 도움이 된다.

부장판사의 입장에서, 배석판사가 복잡한 사건을 맡았다고 계속 불만에 찬 표정을 짓고 다니면 아무래도 마음이 편하지 않다. 어려운 사건을 맡아 고생하고, 판결문을 아무리 잘 작성했더라도 그 고마움이 표정 하나 때문에 줄어들게 되는 것이다. 이런 태도는 그 판사에 대한 평가에도 영향을 미치게 된다. 반대로 배석판사가 복잡한 사건을 맡아 매일 늦게까지 야근하면서도 미소를 잃지 않는다면 이것처럼 부장판사로 하여금 고마움을 느끼게 하는 것이 없다. '말 한 마디로 천 냥 빚도 갚는다'는 속담처럼, 별 힘 안들이고 상대를 기분 좋게 하고, 자신의 평가를 높이는 방법 중 하나가 바로 '미소'이다.

몇 년 전 사회적으로 주목받는 사건을 맡은 적이 있었다. 첫 재판 때는 기자들과 방청객으로 법정이 꽉 찼고, 매번 재판 때마다 재판 내용이 언론에 보도될 정도로 많은 관심을 끈 사건이었다. 재판장으로서도 큰 부담을 느꼈지만, 주심판사 역시 큰 부담을 느낄 수밖에 없었다.

법원의 일이라는 것이 중요사건 선고를 앞두고 있더라도 다른 일은 안 하고 그 사건 판결문만 작성하면 되는 것이 아니다. 다른 사건들도 같이 처리해야 하기 때문에 큰 사건 선고를 앞두고는 매일매일 늦게까지 야근할 수밖에 없다. 당시 주심판사가 열심히 해 준 것도 물론 고마웠지만, '고생한다'는 말을 건넬 때마다 미소를 잃지 않는 그 모습이 무척 고마웠다.

이처럼 이왕 할 거면 웃으면서 일을 하는 것이 자신의 공을 더욱 돋보이게 하는 '플러스 알파'이다. 반대로, 일을 잘 하더라도 표정 하나로 상사의 마음을 불편하게 한다면 그것은 마치 자신의 공을 깎아내리는 '자살골'이다.

나 스스로도 그렇지만, 대부분의 여성들은 마음을 감추지 못하고 불편한 마음을 얼굴에 그대로 나타내는 경향이 있다. 다른 사람에게 시켜도 될 일을 굳이 꼭 집어 나에게 시킬 때, 웬만큼 했다고 생각했는데 결재를 통과하지 못하고 보완지시를 받아 남아서 일할 수밖에 없을 때 나도 모르게 표정이 굳고, 불편한 심기가 얼굴에 그대로 나타난다.

그런데 내가 상사로 막상 일을 시키는 입장이 돼 보니 이런 순간 흔쾌히 '네, 알겠습니다' 하는 것이 그렇게 고마울 수 없었다. 그럴만한 이유가 있어서 일을 시키는 것인데 아랫사람의 입이 튀어나오면 내 마음도 매우 불편해지고, 그 사람이 편하게 느껴지지 않았다. 상사가 무언가를 지시하거나 부탁할 때는 그럴만한 이유가 있는 것이다.

그리고 평소 배려심 있는 상사가 곤란한 표정으로 뭔가를 지시할 때는 그건 즉흥적인 것이 아니라 몇 번 생각한 끝에 그러는 것이다. 그런데 말은 'Yes'지만 얼굴에는 'No'라고 써있다면 일을 시키는 상사의 입장에서도 마음이 불편할 수 밖에 없다. 반대로, 그 순간 미소를 잃지 않는다면 그렇게 고마울 수 없는 것이다.

특히 자신이 맡은 일이 힘들다고, 일하면서 계속 불평하는 건 정말 어리석은 짓이다. 자신에게 맡겨진 일이라 피할 수도, 안할 수도 없는데 그것을 툴툴거리면서 하는 것처럼 상사 보기에 밉상이 없다. 물론, 나 스스로도 '이왕 할 거면 웃으면서 하자'고 마음을 다지지만 실상은 그렇지 못한 순간도 많다.

예를 들어, 사람을 무척 피곤하게 하는 의뢰인들이 간혹 있는데 이런 사건들을 하다 보면 나도 모르게 짜증이 난다. 이런 의뢰인들의 공통점은 소통이 잘 되지 않고, 일방적으로 자신의 주장만을 고집하기 때문에 설득력 있는 서면 작성을 매우 어렵게 한다는 점이다.

아무리 마음을 다잡아도, 이런 의뢰인 사건은 진정으로 웃으면서 하기 어렵다. 일이 많은 것은 참을 수 있어도 인간관계에서 오는 스트레스는 참기 어렵기 때문이다. 그러나 이런 경우라도 가능하면 너무 화내지 않고 마음을 편하게 먹고 일하는 것이 정신건강상 스스로에게 도움이 될 것이다.

상사가 당신에게 미안한 표정으로 뭔가를 시킬 때는 아마 그럴만한 이유가 있어서일 것이다. 이런 일이 다반사라면 몰라도 그렇지 않다면, 한 번 쯤은 얼굴을 찌푸리지 않고 흔쾌히 'Yes'를 하는 것만으로도 상사는 큰 고마움을 느낀다. 또, 자신이 해야 할 일을 할 때 아무리 힘이 들더라도 웃으면서 하는 것이 좋다. 큰 힘 들이지 않고 자신을 돋보이게 하는 비결, 바로 '이왕 할 거면 웃으면서 하는 것'이다.

워킹맘으로
산다는 것

Part two

내게 일이란 '나를 당당하게 만들어 주고, 나를 나답게 하는 것'이다. 좌판의 죽은 생선이 아니라 펄떡펄떡 뛰는 생선처럼 나에게 활기를 불어넣어 주는 산소 같은 활력소다. 그런데 일을 그만둔다면 나의 자신감, 나의 당당함은 사라지고, '나다움'과 활력을 잃게 될 것 아닌가. 이러한 사실을 피부로 느끼면서 나는 '절대로 일을 그만둬서는 안 되겠다'고 다짐했다.

02

엄마 되기를
두려워하지 마라

01

누구나 결혼 전에 '과연 내가 잘 한 걸까, 앞으로 잘 할 수 있을까' 하는 걱정을 한다. 결혼은 새로운 삶의 시작이기 때문이다. 이전과는 다른 삶의 시작이라는 점에서 결혼이 '새로운 1장'에 해당한다면, 엄마가 되는 건 '또 다른 2장'에 해당한다. 출산을 앞둔 임산부들, 특히 직장여성들은 '내가 아이를 잘 키울 수 있을까' 하는 걱정들을 많이 한다. 이런 걱정이 너무 앞선 나머지 신혼 초부터 '아이를 낳아야 하나 말아야 하나' 걱정하는 직장여성들도 있다. 무엇이 그들을 고민에 빠뜨리는 걸까?

얼마 전, 최근 결혼을 한 후배 미경 씨를 만났다. 신혼의 달콤한 시간을 보내는 중이라 그런지 더 예뻐지고 얼굴에서 여유가 느껴졌다. 결혼 전에는 '내가 이 사람과 결혼하는 게 과연 잘 하는 걸까' 걱정이 많았던 미경 씨였지만, 막상 결혼하고 보니까 '정말 결혼하기를 잘했다'는 생각이 든다고 했다.

"언니, 결혼하고 보니까 정신적으로 안정감도 생기고, 나를 챙겨주는 누군가가 있다는 게 굉장히 든든해요."

미경 씨는 신혼 생활에 대해 이런저런 이야기를 자랑삼아 하면서 한편으로는 앞으로의 결혼 생활에 여러 가지 궁금증이 많았다. 무엇보다도 아이를 낳은 이후의 생활에 대해 이런저런 생각도 많고, 걱정도 많았다. 아이를 낳으면 지금과 같은 편한 생활은 끝인 데다 일과 육아를 모두 잘 할 자신이 없다는 것이었다. 게다가 미경 씨는 친정이나 시댁에서 아이를 봐 줄 형편이 안 되다 보니 이런 점도 마음에 걸려 했다. 또 자기 발전에 관심이 많다 보니 아이가 생기면 자신의 발전이 더뎌지지 않을까 하는 걱정도 하는 듯했다.

미경 씨에게 이런 이야기를 해 주었다.

"왜 닥치지도 않은 일을 걱정해? 결혼 전에도 '결혼을 해야 하나 말아야 하나, 이 사람과 결혼하기를 잘 하는 걸까' 하고 걱정 했었잖아. 그런데 막상 결혼해 보니 괜한 걱정이었다는 생각이 들지? 아이 문제도 마찬가지야. 지금은 막연히 걱정이 돼도 막상 아이를 낳고 보면 '정말 낳기를 잘했다' 하는 생각이 들 거야."

물론 아이를 키우는 일이 결코 쉬운 일은 아니다. 그런데 생각해 보면 하루 중 가장 행복한 때는 퇴근 후 집으로 돌아가 나를 맞아주는 아이들을 볼 때다. 특히, 아이가 어렸을 때 엄마를 맞아 준다고 방긋 웃으면서 기어 오거나 아장아장 걸어오는 모습을 보는 순간 하루의 피로 감은 싹 가신다.

나를 생각해 주는 누군가가 있다는 사실이 삶을 살아가는 데 큰 힘과 위안이 된다. 나를 그 누구보다 반갑게 맞아 주고, 내가 아플 때 사슴 같은 눈망울로 '엄마, 많이 아파?' 하면서 고사리 같은 손으로 내 이마를 만져 주고, 내가 늦게 들어 올 때 전화로 '엄마, 언제 와' 하고 걱정해 주는 아이들이 있기에 힘든 순간에도 아이들을 떠올리면서 힘내게 된다.

10여 년 전 나온 '아빠, 힘내세요' 동요가 가장으로서 무거운 짐을 지고 있는 대한민국의 많은 아빠들에게 큰 위안과 힘을 준 것처럼 자녀의 격려는 이 세상 최고의 약손이다.

아이가 주는 기쁨 역시 헤아릴 수 없이 많다. 그런데 이렇게 큰 기쁨과 행복감을 공짜로 얻을 수는 없다. 아이로부터 많은 기쁨과 행복감을 얻는 만큼 그 대가도 당연히 치러야 한다. 그러나 아이를 봐줄 사람이 마땅하지 않거나, 현실적으로 아이를 낳고 키울 만한 여건이 부족하다면 아이를 가질 것인지에 대해 깊은 고민을 할 수 밖에 없다.

미경 씨 역시 이런 고민이 컸는데 내 생각은 이랬다.

"'스텝 바이 스텝'으로, 하나하나 문제를 해결해 가면 돼. 지금 머릿속으로 미리 해답을 찾아 놓을 필요는 없어. 그렇게 되는 것도 아니고. 아이를 돌보는 문제부터 생각해 보자. 친정이나 시댁에서 봐주시기 어려우면 우선 걱정이 들 거야. 그런데 주위에 보면 너 같은 경우도 많아. 안쓰럽기는 하지만, 어린이집에 맡기는 경우도 있고, 출퇴근 아주머니를 구하는 경우도 있어. 물론 애 키우는 게 쉽지는 않지. 특히, 애가 어릴 때는 정말 힘들 때가 많아. 그래도 아이가 만 세 살이 되면 많이 나아져. 애 키우는 게 고생스럽기만 하다면 괜한 고생을 할 필요는 없지. 그런데 내가 하루 중에 제일 행복한 때가 언제인지 알아? 바로 퇴근해서 반갑게 맞아 주는 아이들을 볼 때야. 단언하건대, 아이가 주는 행복감보다 더 큰 건 이 세상에 없어."

모든 사람이 그런 건 아니지만, 지금까지 살아오면서 가장 큰 행복감을 느꼈을 때는 첫 아이 현진이를 낳았을 때였다. 제왕절개로 출산했었는데 마취에서 깨어난 후 처음 현진이를 보았을 때 '우주가 완성된 듯한' 기분을 느꼈다. 모든 것이 완전해진 느낌, '아, 이래서 자연의 순리대로 살아가는 것이 중요하구나' 하는 생각이 들었다.

부부관계에 있어서도 아이가 있는 것이 좋은 관계를 유지하는데 윤활유 역할을 한다. 아무리 사이가 좋아도 아이가 없는 생활이 오래 되다 보면 점점 공통 화제도 줄어들고 같이 무언가를 하는 시간도 줄어들면서 부부사이가 차츰 멀어질 수 있다. 물론 아이를 가지고 싶다고 해서 모든 사람들이 아이를 가지게 되는 건 아니다.

아이가 잘 생기지 않아 고민이 큰 부부들도 있다. 고민 끝에 아이를 가지기로 결정했다고 해서 당연히 아이가 생기는 건 아니다. 어찌 보면 임신은 큰 '축복'이다. 후배 중에 아이를 가지지 않겠다고 선언한 후배가 있었다. 애를 잘 키울 자신이 없다는 이유에서였다. 그런데 어쩌다가 임신을 하게 되었고, 애가 좀 늦기는 했지만 건강하고 예쁜 딸을 출산하게 되었다. 그 후배 왈, "애를 안 낳았으면 큰일 날 뻔 했어요. 제가 왜 그런 생각을 했는지 모르겠어요."

주위에 정말 일 욕심이 많은 후배가 있다. 대기업에 근무하는 그는 워낙 일도 열심히 하고 직장일도 많다 보니 '이 후배라면 애를 안 낳을 수도 있겠구나'하는 생각을 잠시 했었다. 그런데 보기와는 달리 그는 결혼하고 1년 조금 넘어 임신을 하고 아기를 낳았다. 출산하고 얼마 후 통화한 그의 말이 아직도 생생하다.

"언니, 저는 한 번도 '아이를 낳지 말아야겠다'는 생각을 해 본 적이 없어요. 일도 중요하지만, 한 사람의 인간으로서 더 완숙한 인격체가 되는 것도 중요하잖아요. 저는 그러려면 꼭 아이를 낳아야 한다고 생각했어요."

후배의 말을 들으면서 나는 이 후배가 일만 잘하는 게 아니라 참 지혜롭다는 생각을 했었다.

아이를 키우면서 아이만 자라는 것이 아니다. 엄마와 아빠도 아이를 통해 자란다. 더 성숙해지고, 더 겸손해지고, 더 둥글둥글해진다. 아이는 당신에게 가장 큰 행복감을 주면서 당신을 더 성숙한 인격체로 만든다. 세상에 공짜가 없듯이, 이 소중한 것을 얻으려면 그 대가도 치러야 한다. 무엇을 두려워하는가? 엄마가 되는 것은 이 세상 그 어느 것과도 바꿀 수 없는 '최고의 축복'이다.

절대로 일을
포기해서는 안 된다

02

엄마가 되면 기쁘기도 하지만, 한편으로 '내가 아이를 잘 키울 수 있을까'하는 걱정을 하게 된다. 워킹맘은 여기에 더해 '내가 일하면서 과연 아이를 잘 키울 수 있을까'하는 생각에 걱정이 많아진다. 이런 고민이 깊다 보면 누구나 한번쯤 '일을 그만둘까'하는 생각도 하게 된다. 아주 그만두는 건 아니고 아이가 어릴 때 한 몇 년 쉬면서 아이를 키운 다음 다시 취업할까 하는 생각도 한다. 과연 이것이 해결책일까?

얼마 전 1, 2년 차 여자 후배 변호사들과 '선배들과의 대화' 시간을 가졌다.

"일이 재미있기는 하지만, 앞으로를 생각하면 걱정도 많아요. 일 하나 잘하기도 쉽지 않은데, 결혼해서 아이를 낳으면 과연 일과 육아를 잘 병행할 수 있을지 엄두가 안 나요."

일과 육아의 양립은 모든 워킹맘들의 가장 큰 고민이다. 업무량이 많은 회사일수록 일을 하면서 아이를 돌볼 수 있는 시간이 절대적으로 부족하다 보니 육아와의 양립은 영원히 풀 수 없는 숙제같이 느껴지기도 한다.

내가 적절한 대답을 생각하는 사이, 함께 참석한 승요 씨가 먼저 입을 열었다.

"애 키우는 게 여자 변호사로 지내는 데 그 무엇보다 어려운 일 같아요. 제 아이는 지금 초등학생인데, 아직도 육아는 제게 힘든 일이에요. 아이가 아주 어렸을 때 일이 적은 직장으로 옮겨볼까 생각한 적이 있었어요. 일하느라 거의 매일 밤늦게 퇴근하다 보니 아이 얼굴 볼 시간도 없고, '엄마 노릇'을 제대로 못한다는 생각에 회사를 옮겨볼까 심각하게 생각했었어요. 진지하게 고민하던 중 이런 생각이 들었어요. 아이 때문에 나를 희생했다는 생각에 오히려 아이에게 더 집착하게 되고, 아이와의 관계가 나빠지지 않을까. 희생한 만큼 아이에게 대가를 보상받기 위해 아이한테 더 집착하고, 아이가 기대 만큼 공부를 잘 하지 못할 때 '내가 너 때문에 이렇게 희생했는데 너는 왜 이렇게밖에 못하니' 하다 보면 사이가 나빠질 수 밖에 없겠더라고요. 결국 그건 저나 아이를 위한 것이 아니라는 결론을 내렸어요."

그렇다. 자기 일에 만족하는, 또 자신의 발전에 관심이 많은 워킹맘이라면 절대로 일을 그만둬서는 안 된다. 아이 때문에 원치 않으면서 작은 회사로 옮길 필요도 없다.

어떤 꿈을 가지고, 또 어떤 과정을 거쳐 지금의 내 자리까지 왔는지 생각해 보자. 그동안 들인 당신의 땀과 열정을 생각해 보자. 영어실력을 키우기 위해 방학 때 졸린 눈을 비비면서 일찍 일어나 토플학원에 다녔던 시간들, 좋은 성적을 얻기 위해 시험 때 평소 잘 마시지 않는 커피를 몇 잔씩 마셔가면서 밤늦게까지 도서관에서 '열공' 했던 시간들, 도서관에서 나오면서 바라본 하늘의 별들, 취업시험을 준비한 수많은 시간들, 면접 때 면접 순서를 기다리면서 가슴 졸이던 순간, 회사 합격의 기쁨의 순간, 입사 초기 힘든 상사를 만나 남몰래 눈물짓던 기억들……. 그리고 이 모든 것을 육아 때문에 포기할 수 있는지, 정말 후회하지 않을 자신이 있는지 냉정하게 생각해 보자.

당신이 일을 그만둔다는 것은 그동안의 당신의 '땀과 열정과 꿈'을 버리는 것이다. 땀과 열정이 과거형이라면 꿈은 미래형이다. 일을 그만두는 순간 그동안 당신이 꿈꿔왔던 미래 또한 사라지게 된다.

패션업에서 큰 성공을 거둔 선배 언니는 이렇게 말한다. '출근하는 엄마를 붙잡고 우는 어린 아이들이 눈에 밟혀 출근길에 많이 울기도 했는데, 그때 포기했다면 오늘은 없었다'라고. 그 선배 언니의 꿈은 2층짜리 건물을 지어 1층은 매장으로 꾸미고, 2층에서 가족들과 함께 사는 것이었다. 그녀는 아이들 때문에 일을 그만두고 싶은 유혹을 '벼텼다'고 했다. 그때가 아이들이 3살, 5살 때였는데, 15년이 지난 지금 그녀는 큰 성공을 거두었다. 아이들 역시 잘 자라 주었다.

무엇보다도 '일이 당신에게 어떤 의미일까?' 생각해 보자. 몇 년 전

6개월간 육아휴직을 한 적이 있었다. 덕분에 아이들과 많은 시간을 보내고, 아이들 뒷바라지도 하면서 좀 더 충실하게 엄마 역할을 할 수 있었다. 그런데 육아휴직 기간 동안 의외의 사실을 발견할 수 있었다. 나도 모르는 사이 자신감이 없어졌던 것. 어디에서나 '자신감이 넘친다'는 말을 들어 왔는데, 일을 쉬다 보니 직장을 그만 둔 것도 아닌데 밖에서 누구를 대할 때 목소리도 점점 작아지고, 차츰 자신감을 잃어가는 내 자신을 발견할 수 있었다. '일은 내 자신감의 원천'이라는 사실을 육아휴직 덕분에 뼈저리게 깨달을 수 있었다.

내게 일이란 '나를 당당하게 만들어 주고, 나를 나답게 하는 것'이다. 좌판의 죽은 생선이 아니라 펄떡펄떡 뛰는 생선처럼 나에게 활기를 불어 넣어주는 산소 같은 활력소다. 그런데 일을 그만둔다면 나의 자신감, 나의 당당함은 사라지고, '나다움'과 활력을 잃게 될 것 아닌가. 이러한 사실을 피부로 느끼면서 나는 '절대로 일을 그만둬서는 안 되겠다'고 다짐했다.

일을 소중하게 생각하는 당신이라면 직장을 그만둬서는 안 된다. 또, 승요 씨 말처럼 일을 그만둔다고 육아문제가 해결되는 것도 아니다. 오히려 자신을 희생했다는 생각에 아이에게서 보상을 받으려 한다면, 아이와의 관계가 나빠질 뿐이다.

아마 '자녀의 성공·행복'보다 '나의 성공'을 앞세우는 워킹맘은 없을 것이다. 나의 성공을 자녀의 성공과 행복과 바꿀 수만 있다면 이 세상 모든 워킹맘은 기꺼이 자신을 희생할 것이다. 그러나 내가 나를 희생한다고 해서 그 대가로 아이가 저절로 행복해지거나 성공하는 건 아니다. 내가 일을 그만둔다고 우리 아이가 반에서 1등을 하거나 명문 대학에 들어가는 것도 아니다. 그러므로 육아 때문에 내가 하고 싶은 일을 그만두는 것은 현명한 해결책이 아니다.

오히려, 일하는 엄마의 모습을 보면서 아이 역시 일이 주는 의미를 조금씩 알게 되고, 엄마에 대해 자랑스러워할 것이다. 일을 소중하게 생각하는 당신이라면, 절대로 일을 포기해서는 안 된다!

멀리 내다봐라

03

출산 후 아이를 얻었다는 기쁨을 느끼면서 다른 한편으로는 '정말 아이를 잘 키우고 싶은데 일하면서 어떻게 키우지', '아~ 이제 내 발전은 끝이구나'하는 부담으로 마음이 무거운 워킹맘들이 많다. 당장 눈 앞에 닥친 현실만을 보면 그럴 수 있다. 그러나 시간은 흐르는 법. 5년 후, 10년 후를 생각해 보자.

지금 대한민국은 거센 교육 열풍이 불고 있다. 아기가 아장아장 걷기 시작할 때부터 열성 엄마들은 조기교육을 시작한다. 우리나라 말을 채 다 익히기 전에 3~4세부터 영어 유치원을 다니는 아이들도 점점 늘어나고 있다. 이런 교육 열풍에서 워킹맘들의 고민은 깊어갈 수 밖에 없다. '우리 아이만 뒤처지면 어떡하지?'

회사에서 자신의 위상을 생각하면 더욱 그렇다. 업무적으로 성과를 내려면 야근도 하고, 경우에 따라서는 주말근무도 하면서 일에 물불 안 가리고 덤벼야 하는데 아이가 어릴 때는 그러기가 힘들다. 더구나 일이 많은 부서는 밀려서 가면 몰라도 자원하기는 쉽지 않다. 이런 생활이 몇 년 계속되다 보면 회사에서 '나'의 존재감은 점점 없어진다. 출산 전까지는 다른 남자 동료들보다 더 인정받고 앞서 가다가 결국, 출산 후 육아 때문에 역전당하는 경우도 많다.

후배 명희 씨의 고민도 마찬가지였다. 일도 잘하고, 출산 전에는 회식 자리에서 분위기 메이커 역할을 하던 명희 씨는 육아와 일 사이에서 심한 스트레스를 받고 있었다.

"언니, 그 전까지는 회사에서 인정도 받고 일도 재미 있고 해서 나름 자신이 있었어요. 그런데 아이를 낳고 나니까 많이 바뀌더라고요. 아이 때문에 칼퇴근 하고, 회식자리에도 거의 못가고, 이런 생활을 5년 정도 하다 보니까 자신감도 점점 없어지고, 내가 이러다가 회사에서 살아 남을 수 있을까 하는 걱정도 들어요."

무엇보다 최근 명희 씨를 더욱 좌절감에 빠뜨린 건 회사의 해외연수 때문이었다. 5살, 2살짜리 두 아이를 돌보느라 미처 토플 준비를 할 여유가 없었던 명희 씨는 결국 해외연수를 신청하지 못했고, 다른 남자동료들 몇 명이 해외연수를 가게 되었는데, 그들은 모두 입사 성적이 명희 씨보다 낮았던 것. 출산 전까지는 분명 앞서 나갔는데 아이를 낳고 5년이 지난 지금, 명희 씨는 동료들에게 추월당했다는 생각에 무척 상심이 컸다.

일 욕심이 많거나 자기 발전에 관심이 많은 워킹맘이라면 한 번씩은 이런 경험을 했을 것이다. 다른 사람은 점점 앞으로 나아가고 있는데, 나만 제자리에 있는 느낌. 그리고 무엇보다 불안한 건 그 간격이 점점 더 벌어져 영원히 따라잡기 어려울 거라는 생각. 점점 더 처지면 8명만이 본선에 올라가는 100미터 달리기 시합에서 본선에도 못 올라가고 예선탈락할 수도 있다.

그렇다고 육아를 남들보다 잘 하는냐, 그것도 아니다. 내 발전을 희생하면서 아이를 돌보는데도 육아 역시 전업주부들 반도 못 따라가고, 죽도 밥도 아니라는 생각에 자괴감만 든다. 회사에서는 일하느라 쉴 틈이 없고, 퇴근 후에는 아이들을 돌보다 쓰러져 화장도 못 지우고 잠들기 일쑤인 하루하루 속에서 몸은 천근만근 무겁다. 나를 위한 시간을 언제 가져봤는지 생각해 보면 떠오르지 않는다.

나만 이런 생각을 하는 걸까? 아니다. 이런 생각은 당신 혼자만 하는 게 아니다. 어느 워킹맘이나 겪는 지극히 정상적인 현상이다. 이럴 때일수록 현실을 인정하는 지혜가 필요하다. 그렇다고 좌절할 필요는 없다. 인생은 100미터 달리기가 아니라 42.195킬로미터의 마라톤이기 때문이다.

아이가 어릴 때는 자기 발전이나 자신만의 시간을 가지기 어렵다. 어린 아이는 엄마의 손길을 가장 필요로 하기 때문이다. 아이와의 애착 관계도 아이가 어릴 때 형성된다. 그래서 이 때는 집과 사무실을 왔다 갔다 하면서 살기 마련이다. 웬만하면 정시퇴근을 하기 위해 점심 약속도 줄이고, 사무실에 출근해서부터 퇴근할 때까지 오로지 일만 한다.

저녁 약속도 회사 회식 외에는 거의 잡지 않는다. 말할 것도 없이 자기 자신을 관리할 시간도 없다. 그러다가 어느 날 거울 속에 비친 내 모습을 보면 머리는 질끈 묶고, 화장기 없는 얼굴에 피부도 푸석푸석하다.

아이를 갓 낳은 워킹맘들이 불안해하고 걱정하는 것은 앞으로 닥칠 몇 년 간은 이렇게 살아야 하기 때문이다. 그러나 이런 시간이 영원히 계속되는 것은 아니다. 어둠이 지나면 아침이 오듯, 워킹맘 인생에도 볕 들 때가 반드시 온다! 우선 아이가 만 3세가 돼서 대·소변을 가리고, 기저귀를 떼게 되면 전보다 아이를 돌보기가 수월해진다. 의사소통도 어느 정도 되고, 밤에 잠도 깨지 않고 자고, 바깥에 데리고 다니기도 훨씬 낫다. 그래도 초등학교 1~2학년까지는 여전히 엄마의 손길이 많이 필요하다. 유치원 때는 물론이고, 초등학교 저학년 때는 이것저것 챙겨줄 것이 많고, 친구 관계에도 엄마의 역할이 필요하다.

내 경우 아이들을 키우면서 좀 편하게 느낀 건 아이가 초등학교 3학년 때부터였다. 아이가 학교생활에도 적응하고, 친구들도 사귀고 해서 확실히 손이 덜 갔다. 이렇게 아이가 커가면서 엄마의 자유시간은 점점 많아진다. 또, 이것은 우리나라 학원 문화와도 연관이 있다.

바람직한 건 아니지만, 요즘은 초등학교 고학년이 되면 영어학원이다, 수학학원이다 해서 아이들이 학원에서 보내는 시간이 많고, 중·고등학생이 되면 더욱 그렇다. 아이가 학원 수업이 끝나는 시간에 데리러 가느라 사무실에서 9시나 10시 정도까지 여유 있게 일하다 퇴근하는 경우도 많다. 따라서 아이가 초등학교 고학년이 되면 자연스럽게 일에 더 매진하거나 나의 발전을 위해 쓸 수 있는 시간은 많아진다.

얼마 전 아이가 고3인 선배 언니를 저녁에 만났다. 고3 수험생을 두어 무척 바쁠 것으로 생각했는데 예상과 반대였다. 오히려 아이가 밤 늦게까지 공부하다 오기 때문에 아이를 학교에 보내고 나서는 시간이 많이 남는다는 것이었다. 나 역시 아이들이 어느 정도 자란 지금은 사무실에서 마음 편하게 야근하고, 자기 발전을 위한 시간이나 나만을 위한 시간도 가질 수 있게 되었다.

만약에 육아 때문에 일을 그만 둔다면 아이가 점점 자라서 자유시간이 많아질 때 어떻게 시간을 보낼까? 그때 다시 일하고 싶어진다면 어떻게 할까? 육아에 매진해야 하는 몇 년간은 자기 발전을 어느 정도 포기해야 하는 것이 워킹맘들의 숙명이다. 그러나 그 힘든 시기가 지나면 당신을 위해 쓸 시간은 점점 많아진다. 이때를 이용해서 일도 더 열심히 하고, 자기 계발도 하다 보면 어느 순간 뒤처진 것을 충분히 따라잡을 수 있다. 또한, 그동안 못 가진 혼자만의 여유도 즐길 수 있다.

인생은 마라톤이고, 당신은 지금 절반도 오지 않았다. 지금 어디 있느냐에 너무 목맬 필요는 없다. 당신에게는 아직 절반의 레이스가 남아 있고, 당신의 노력 여하에 따라 충분히 만회할 수 있다.

지금 일과 육아 사이에서 너무 힘들어 낙담해 하거나, 일을 그만둘까 고민하는 당신이라면 이것을 꼭 생각해 주기 바란다. 눈 앞의 현실만을 보지 말라고. 멀리 보라고 말이다. 지금은 힘들어도 5년 후 10년 후는 반드시 달라질 것이라는 희망을 가지라고 말이다.

일과 가정의 균형을
어떻게 맞출까?

04

워킹맘에게 '일과 가정의 균형'은 매우 중요하다. 너무 일에 치우치다 보면 가정에 소홀하게 되어 문제가 생길 수 있고, 반대로 너무 가정에 치우치다 보면 '직장을 취미 삼아 다니냐'는 눈총을 받기 쉽다. 일과 가정의 균형을 어떻게 맞출 수 있을까? 일과 가정과의 균형은 시소를 탈 때 어느 쪽으로도 기울어지지 않고 평행을 유지하는 것처럼 일과 가정 사이에서 항상 중간점을 유지해야 한다는 의미일까?

일과 가정과의 양립을 이야기할 때 후배들에게 자주 해주는 말이 있다. 바로 '시계추' 논리다. 워킹맘으로 산다는 건 한쪽은 일, 한쪽은 가정 사이에서 왔다 갔다 하는 시계추와도 같은데, 마치 추가 움직이듯이 워킹맘의 시계추도 항상 가운데에 있을 필요는 없다는 것이다.

워킹맘으로서의 일생을 보면 가정에 더 많은 시간을 쏟아야 하는 시기도 있고, 또 가정에서 어느 정도 편해지는 시기도 있다. 그런데 항상 그 추가 가운데 있어야 한다고 생각하고 시간을 배분하다 보면 오히려 우왕좌왕할 수 있다.

내 경험으로는 일과 가정의 균형은 시계추가 한가운데, 즉 6시를 중심으로 45도를 넘지 않는 선에서 왔다 갔다 하는 것이다. 일이든 가정이든 가운데에서 45도를 넘어서면 균형점은 무너진다고 보면 된다. 아이의 나이에 따라 '4시 30분에서 7시 30분 사이'를 왔다 갔다 하는 지혜가 필요하다.

10여 년 전, 선배 여판사 K씨와 같은 법원에서 근무한 적이 있었다. 그 선배는 8살과 5살 아이를 두고 있었는데, 근처에 사는 친정어머니가 퇴근 전까지 아이들을 돌봐 주었다. K판사의 옆방에서 일하던 2년 내내 나는 선배가 개인적인 저녁 약속을 잡은 것을 본 적이 없다.

퇴근 후 아이들을 돌봐야 하다 보니 출근해서 퇴근까지 아주 강도 높게 일처리를 하고, 가급적이면 퇴근 시간에 맞춰 퇴근을 했다. 또 신문을 본다거나 가끔 옆방 판사실에 마실 가는 모습도 본 적이 없다. 점심 역시 되도록이면 개인약속을 잡지 않았고, 가끔 있는 여판사들끼리의 점심 모임에서도 빨리 식사를 하고 일찍 자리를 뜨는 모습을 종종 볼 수 있었다.

그때 K판사에게는 직장에서의 여유를 전혀 찾아보기 어려웠다. 당시 나는 결혼 직후로 아직 아이가 없었는데 그 선배를 보면서 '이 언니는 평생 이렇게 살겠구나'하는 생각을 어렴풋이 하곤 했었다. 직장에서 열심히 일하고, 다른 개인적인 시간이나 발전의 기회는 전혀 가지지 못한 채 집과 직장을 왔다 갔다 하는 모습이 계속 되리라고 생각한 것이다.

그로부터 6년 뒤 K판사와 다시 같은 법원에서 일하게 되었다. 그동안 선배 언니의 아이들도 자라나서 어느덧 엄마의 손길이 덜 가는 나이가 되었다. 반대로 나는 큰 애 현진이가 세 돌을 넘었고, 둘째를 임신한 상태였다. 그런데 몇 년 전 집과 직장만을 왔다 갔다 하면서 살던 K판사는 이전과는 확연히 달라진 모습이었다.

아이들이 훌쩍 자란 만큼 전처럼 칼퇴근을 할 필요가 없어져서 야근도 좀 더 수월하게 하고, 저녁 약속도 가끔 하면서 일과 자신의 발전에 더 많은 시간을 쏟는 것을 볼 수 있었다. 반면 아이가 아직 어렸던 나는 몇 년 전 K판사가 살던 모습과 비슷한 삶을 살고 있었다. 몇 년 사이 K판사와 내 모습이 역전된 것이다!

몇 년 만에 다시 만난 K판사의 모습에서 나는 이전의 내 지레짐작이 잘못된 것임을 눈으로 확인할 수 있었다. 또 한편으로는 육아 부담이 많던 시기에 K판사를 보면서 '나도 몇 년 뒤면 저 언니처럼 일과 발전을 위한 시간을 가질 수 있겠구나' 하는 희망을 가질 수 있었다.

아이가 어릴 때는 엄마의 손길이 더 필요한 만큼, 이 시기에는 가급적 직장에서 일을 빨리 마치고 집에 돌아와 아이를 돌보는 것이 필요하다. 특히, 엄마와 아이와의 애착 관계는 아이가 0~3세 때 형성되기 때문에 이 시기에 아이에게 관심을 기울이는 건 아무리 지나쳐도 과하지 않다. 따라서 일 이외 개인적인 시간이나 자기 계발의 기회를 희생하는 것도 경우에 따라 필요하다. 이 시기는 일과 가정 사이에서 시계추가 가정 쪽에 더 기우는 시기이다. 집과 직장을 오가면서 '4시 30분 정도'가 되는 시기이다.

K판사가 그랬듯이 출근에서 퇴근까지 일에 집중하면서 최대한의 효율을 발휘해서 자신의 일을 철저하게 처리해야 한다. K판사는 아이들이 어렸을 때도 판사들과의 네트워킹이나 개인적인 여유 시간을 가지지 않았을 뿐이지 일처리는 늘 완벽했다. 놀라운 집중력으로 일에 집중했고, 이런 능력이 인정되어 그 후 법원에서 두루두루 요직을 맡게 되었다. 이 시기에 시계추가 가운데가 아닌 가정 쪽에 좀 더 기운다는 건 시간 배분에서 그렇다는 것이지 가정에 더 신경 쓰고, 일은 대강대강 해도 된다는 의미는 결코 아니다.

가끔 후배들 중에도 일과 가정 사이의 균형점을 넘어서서 자신의 직분을 소홀히 하는 경우가 있다. 심지어 근무시간 중에 2살짜리 아이를 데리고 유아교실에 다니는 경우도 봤다. 이런 마음가짐이라면 아예 직장을 그만두고 가정에 전념하는 편이 낫다. 자신을 희생하고 가정에 좀 더 시간을 배분하는 시기는 보통 아이가 만 10살 될 때까지인 것 같다. 때문에 후배들에게 '10년은 내 생활이 없다고 생각해라, 그 다음에는 자신만의 시간을 가질 수 있다'고 이야기 하곤 한다.

이 시기를 지나 아이가 초등학교 고학년이 되면, 차츰차츰 시계추가 가운데로 움직이게 된다. 시간 배분에 있어 일에 전보다 더 많은 시간을 쏟을 수 있고, 자기 계발을 위한 시간도 가질 수 있다. 그동안 육아로 인해 직장에서 정체되었던 것도 만회하고, 발전도 이룰 수 있다. 그러나 이 시기에도 균형점을 넘어서는 것은 경계해야 한다.

그동안 정체된 것을 만회한다고 너무 일에만 매진하다 보면 아이들과의 관계나 가정에서 문제가 생길 수 있다. 이 시기에도 시계추는 '7시 30분'을 넘어서는 안 된다. 또한, 이 시기는 전보다 육아 부담이 줄어들었다는 것이지 여전히 아이들에게 많은 관심을 기울이고 아이 교육에 신경 써야 하는 시기다.

아이가 대학교에 입학하게 되면 이제 육아나 가정보다는 일에 훨씬 많은 시간을 배분할 수 있다. 이 시기는 일과 가정 사이에서 일에 시계추가 더 기우는 시기이다. 자신을 위한 시간도 편하게 가질 수 있고, 자기 계발도 맘껏 할 수 있다.

시계추가 자연스럽게 왔다 갔다 하듯이 자신의 상황에 따라서 또 아이의 나이에 따른 엄마의 역할에 따라 가정에 조금 더 시간을 배분했다가 조금씩 조금씩 일에 더 많은 시간을 배분하는 것이 내가 발견한 '일과 가정 사이의 균형'이다. 시계추가 항상 가운데에 있을 필요는 없는 것이다.

엄마의 역할은
시간에 따라 달라진다

05

워킹맘들은 아이 곁에 충분히 있어주지 못하는 것 때문에 마음에 부담감을 가진다. 그러나 항상 엄마가 아이 곁에 있어야 하는 건 아니다. 아이의 나이에 따라 엄마의 역할은 달라진다. 때로는 아이와 좋은 관계를 가지기 위해 아이와의 거리 유지가 필요하기도 하다.

얼마 전 TV를 보다가 우연히 워킹맘에 대한 프로를 보게 되었다. 그 프로에는 3세 미만의 어린 아이들을 둔 워킹맘이 몇 명 출연했는데 그들의 고민은 입을 맞추기라도 한 듯 한결 같았다. '아이 때문에 일을 그만두어야 하는 건 아닌지…….' 특히 그 중에서도 8개월 된 쌍둥이를 둔 워킹맘의 고민은 정말 심각해 보였다.

이 세상에서 가장 힘든 것을 꼽는다면 아마도 '갓난아이 돌보기' 일 것이다. 또 이 세상에서 제일 내 뜻대로 되지 않는 것은 아이들 문제다. ‘무자식 상팔자’ 라는 속담이 있듯, 아이를 키운다는 건 어찌 보면 고생문에 들어서는 것이다. 직장여성이든, 전업주부든 육아가 힘든 건 마찬가지다. 어린아이를 돌보는 엄마들에게는 집이 직장이나 마찬가지다. 아이를 돌보느라 쉴 틈도 없고, 식사도 제대로 하기 어렵다. 아이가 낮잠을 잘 때 잠깐의 휴식이 있을 뿐, 잠들었다가 금방 칭얼거리기라도 하면 휴식은 물 건너간다.

워킹맘 역시 아이들이 어릴 때는 직장에서보다 퇴근 후가 더 힘들다. 워킹맘이라면 주말에 아이를 돌보느라 제대로 쉬지도 못하고 온종일 시달리다가 오히려 월요일에 해방되는 기분으로 출근한 경험들은 누구나 있을 것이다. 나 역시 그랬었다.

육아 때문에 직장을 그만둔 사람들 중에는 아이를 대신 돌봐 줄 환경이 되지 않아서 직장을 다니고 싶어도 어쩔 수 없이 그만 둔 경우도 있지만, 한편으로는 ‘아이를 남의 손에 맡기지 않고 내 손으로 키우고 싶다’ 는 생각 때문에 직장을 그만두는 사람도 있다.

물론 아이들은 내게 가장 소중한 존재이고, 육아가 매우 중요한 것은 사실이다. 그러나 육아를 위해 엄마가 꼭 집에 있어야만 하는 건 아니다. 아이의 나이에 따라 엄마의 역할은 달라지고, 그때그때 상황에 따라 일하면서 충분히 엄마의 역할을 할 수 있기 때문이다.

▶ **1단계 : 나만 힘든 게 아니다. 이 세상 모든 엄마들은 다 힘들다.**

먼저 아이가 0~3세 때까지. 이 시기에는 엄마든 누구든 24시간 보호자의 보살핌이 필요하다. 아이와의 애착 관계도 이때 형성된다. 회사에 출근해 있는 동안 엄마 이외의 보호자가 아이를 돌봐 주기는 하지만, 이때는 일 이외의 시간은 육아에 치중하는 것이 좋다. 자기 발전을 위해서 석사나 박사과정을 공부하거나 관심이 있는 무엇을 배울 수 있는 시간은 가지기 어렵다. 저녁 약속은 참석 못하는 경우도 많다. 이 시기에 무엇보다 힘든 것은 바로 '쉴 시간이 없다'는 점이다. 예민한 아이들은 밤에 잠들어도 여러 번 깨기 때문에 엄마도 수면 부족에 시달리고, 사무실에서는 일하느라, 또 집에서는 아이를 돌보느라 육체적으로 무척 힘들다.

그러나 기억해 두자. 이처럼 힘든 건 워킹맘이든, 전업주부든 마찬가지라는 점이다. 얼마 전 사법연수원 제자인 변호사 몇 명과 점심을 하는 자리에서 육아휴직 이야기가 나왔다. 요즘은 남자들도 육아휴직에 관심이 많아졌는데, 한 남자 제자의 말은 이랬다.

"저는 주위에서 아이 낳고 바로 육아휴직하려는 여자 변호사들을 말려요. '육아독박' 쓴다고요. 육아휴직을 하면 주로 혼자 아이를 보게 되는데 아이를 돌보는 게 정말 힘들잖아요. 거기다가 육아휴직도 마치고 엄마가 출근하게 되면 애가 매일 엄마 출근할 때마다 안 떨어지려고 자지러지게 울어서 출근길이 전쟁 같더라고요. 제 와이프도 아이 낳고 육아휴직하면서 정말 고생 많이 했어요. 그때는 제가 지금보다 훨씬 바쁠 때라 애 보는 걸 거의 못 도와 줬거든요."

제자의 이야기처럼 이 시기 오히려 더 힘든 건 집에서 오롯이 아이를 돌보는 경우일 것이다. 따라서 퇴근 후에도 아이 돌보느라 힘들고,

쉴 틈이 없다고 한탄하는 워킹맘이라면 당신만 그런 게 아니고 이 세상 모든 엄마들이 다 그렇다는 걸 생각해 주기 바란다.

대부분의 아이들은 만 3세가 되면 대·소변도 가리고, 밤에 잠도 깨지 않고 잘 잔다. 그래서 이때부터는 아이 보기가 육체적으로 수월해진다. 이 무렵부터 초등학교 1~2학년 때까지 시기에는 엄마의 역할이 아이 돌보기에서 한 단계 진전한다. 아이가 유치원에 다니기 시작하면서 또래 친구들과 친구 관계를 맺게 되는데 이 시기 아이의 친구 관계 형성에는 엄마의 역할이 절대적이다.

그 전까지는 집에서만 아이를 돌보면 되지만, 이 시기에는 엄마의 역할이 집 밖으로 넓어진다. 몇 명이 팀을 이루어 운동을 하거나 무언가를 같이 배우러 다니기도 하는데, 우리 아이가 팀에 끼려면 엄마들과의 네트워킹이 필요하다. 이는 초등학교에 입학해서도 마찬가지다. 학교 내 친구 관계 형성에도 엄마의 역할이 필요하고, 엄마들과의 네트워킹 역시 주로 초등학교 1학년 때 형성되어 6학년까지 이어지는 경우가 많다.

어찌 보면 이 시기가 워킹맘들의 고민이 더 많아지는 시기다. 엄마가 직장에 다니다 보니 우리 애만 친구가 별로 없고, 생일잔치에도 초대받지 못하는 것 같아 속상하다. 엄마들과의 네트워킹 부족으로 혹시라도 우리 애가 운동팀이나 공부팀에 끼지 못할까 봐 걱정도 된다. 또 엄마들 모임에 막상 나가보면 서먹서먹하고, 나만 겉도는 것 같은 기분이다. 나 역시 그랬었다. 그나마 6개월간의 육아휴직을 통해 이런 어려움을 어느 정도 줄일 수 있었다.

학창시절, 당신의 친구들을 떠올려 봐라. 초등학교 때 1등을 거의 휩쓸었던 친구 윤주는 중·고등학교에 가서도 계속 공부를 잘했는지, 지금은 뭘 하는지. 초등학교 때 이름을 날리던 친구 중에 중·고등학교 가서 존재감이 미미해진 친구들을 쉽게 찾을 수 있을 것이다. 오히려 좋은 대학에 들어간 동창들을 보면 초등학교 때 별로 눈에 띄지 않던 친구들이 의외로 많다. 특히 초등학교 저학년 때 공부를 잘 하느냐, 못하느냐는 그리 중요하지 않다. 1학년 때 받아쓰기 100점 받는 아이가 초등학교 고학년에 가서도 계속 잘하는 것은 아니지 않은가. 도리어 초등학교 고학년에 가서 두각을 나타내는 아이도 많다.

따라서 엄마의 네트워킹 부족에 대해 너무 염려할 필요는 없다. 그러나 가능하면 엄마들 모임에는 가급적 참여하고, 친한 엄마들을 만들려는 노력은 필요하다.

▶ 3단계 : 아이만의 공간이 필요한 시기. 아이와의 거리 유지도 필요하다.

아이가 초등학교 고학년이 되면 육아에 대한 부담이 많이 줄어든다. 아이 스스로 친구도 사귀고, 아이들끼리 연락해서 만나기도 한다. 대중교통도 혼자 이용할 줄 알게 돼서 어디를 가고 올 때 꼭 데려다주고 다시 데리고 오는 수고도 던다. 전에는 놀이공원에 갈 때 반드시 보호자가 같이 갔지만, 이때부터는 친구들끼리 가도 충분하다. 일과 육아의 양립도 훨씬 수월해진다. 따라서 워킹맘들은 이 시기부터는 그동안 미뤄두었던 자기 계발의 시간도 갖고, 야근도 부담 없이 할 수 있다.

이 시기에는 아이의 친구 관계에 엄마가 개입할 여지가 별로 없다. 무엇보다 이 때부터는 아이도 자신만의 공간을 가지기를 원한다. 부모가 모르는 친구들과의 비밀 이야기도 생긴다. 때문에 아이가 어릴 때처럼 엄마가 모든 것을 통제하려 들면 오히려 아이와의 관계가 나빠질 수 있다.

쫓아다니는 것이 아니라, 뒤에서 지켜보면서 아이가 제대로 가고 있는지 살피고 도와주는 것이 이 시기 엄마의 역할이다. 그리고 이런 엄마의 역할은 아이가 중·고등학교나 대학교에 가서도 마찬가지다.

또한, 이 시기에는 아이와 어느 정도의 거리 유지도 필요하다. 전처럼 너무 밀착하려 들면 오히려 아이가 튕겨 나갈 수 있다. 관심은 가지되 아이만의 공간을 인정해 주면서 어느 정도 거리를 유지하려는 지혜가 필요하다. 그런데 엄마가 계속 곁에 있으면 경우에 따라서는 거리를 유지하기 힘들 수 있다.

이런 점에서 워킹맘들은 아이와 좋은 관계를 가지는 데 유리한 점이 분명 있다. 아이 옆에 계속 붙어 있을 수 없는 환경이 자연스럽게 아이에게 자신만의 공간이나 독립심을 줄 수 있기 때문이다. 그렇다고 해서 아이를 방치하라는 애기는 결코 아니다. 아이에 대한 관심은 절대적으로 필요하다. 관심은 가지되 그것을 직설적으로 드러내거나 아이를 통제하려 하지 말고, 일정한 거리감을 유지하라는 것이다.

아이가 커 갈수록 아이는 엄마가 일하는 것에 대해 소중하게 생각한다. 나 역시 언젠가부터 '현진이, 현민이가 엄마가 일하는 것에 대해 자랑스러워하는구나' 하는 것을 느낄 수 있었다. 그리고 이것 역시 자라나는 아이들에게 긍정적인 영향을 준다. 이 시기 워킹맘은 일과 육아의 두 마리 토끼를 잡을 수 있다.

자신의 'Life Plan'을 짜라

06

대부분 인생이 계획대로 되는 건 아니다. 그렇다고 계획 없이 되는 대로 사는 건 현명한 방법이 아니다. 워킹맘으로 살다 보면 일과 육아 사이에서 하루하루 너무 힘들어 희망이 없어 보일 때도 있다. 그러나 그럴 때일수록 앞으로 어떻게 살 것인지에 대해 중 · 장기적인 계획을 세워야 한다.

아이를 낳게 되면 아이에게도 새 삶이 시작되지만, 엄마 역시 엄마로서 새로운 삶이 시작된다. 워킹맘 중에는 새내기 엄마가 되었을 때 앞으로 일과 육아를 어떻게 잘 병행해야 할지 막막함을 느끼는 경우가 많다. 워킹맘으로서 새로운 출발을 한다고 생각하고, 앞으로의 인생 설계를 5년 또는 10년 단위로 세워 보자. 그러다 보면 자연스럽게 가정에 더 많은 시간을 쏟아야 하는 시기와 일에 더 많은 시간을 쏟을 수 있는 시기에 대해 판단이 선다. 또, 아이의 나이에 따른 직장 생활 계획도 세울 수 있다.

특히, 자신의 발전에 관심이 많은 경우라면 육아와 병행하면서 일에 있어서 자신이 이루고자 하는 바람이나 목표를 어떻게 이뤄 나갈지에 대해 중·장기적인 계획을 세우는 것이 반드시 필요하다. 예를 들어 해외연수 제도가 있는 직장이라면 어떤 시기에 가면 좋을지, 또 그때 가기 위해서는 언제부터 준비하면 좋을지에 대해 최소한 3년 전부터 계획을 세우고 실행해야 그 목표를 이룰 수 있다.

5년이나 10년 단위로 'Life Plan'을 짜다 보면 자연스럽게 워킹맘으로서 처음 10년 동안은 가정에, 이후에는 조금씩 일에 더 많은 시간을 배분하게 되는 지혜가 생긴다. 그러다 보면 새내기 워킹맘들은 안갯속을 걷는 것과 같은 불확실성이나 두려움을 극복할 수 있다.

자기 사업에 큰 성공을 이룬 선배인 명순 언니 역시 Life Plan 예찬론자다. 명순 언니는 후배들에게 자주 이렇게 이야기한다.

"요즘 젊은 엄마들을 보면 1년 단위로 계획을 세우기도 하는데, 워킹맘에게 1년은 정말 짧아. 1년 단위로 계획을 촘촘하게 짜다 보면 오히려 지키지 못할 가능성이 커. 쉽게 지칠 수도 있고 말이야. 나는 아이 낳고 10년 단위로 계획을 세웠어. 그리고 그 계획대로 첫 10년 동안은 육아에 더 많은 힘을 쏟았어. 일하지 않는 시간은 오롯이 아이들을 위해 썼지. 그러고 나니까 나를 위한 시간이 생기더라고."

　너무 세부적으로 계획을 짜다 보면 그대로 지키기도 어렵고, 또 자신을 스스로 피곤하게 만들 수도 있다. 그래서 계획은 방향을 잡는 정도로, 거시적으로 세우는 것이 좋다. 나 역시 큰 애 현진이를 낳고 10년 정도는 육아에 더 많은 시간을 쏟아야겠다고 계획했다. 또 둘째를 너무 늦기 전에 가졌으면 하는 바람도 있었는데, 다행히 둘째를 얻게 되었다. 그리고 둘째 현민이를 낳고는 그 10년이 다시 시작되었다.

　이런 계획을 세우다 보니 직장 생활 계획도 거기에 자연스럽게 맞추어졌다. 법원은 거의 2년마다 인사이동이 있는데, 아이를 낳고 나서는 내 발전보다는 육아와 좀 더 병행할 수 있는 쪽으로 인사지망을 해왔었다. 물론 그에 따른 아쉬움도 있지만, 아이들이 점점 커가면서 차츰차츰 일에 좀 더 많은 시간을 쏟게 되어 그간의 아쉬움을 만회할 수 있었다. 주중에는 일하느라 정시에 퇴근하기는 어렵지만, 주말은 오롯이 아이를 위해 쓰겠다는 계획을 아직까지 지키고 있다.

　이렇게 5년이나 10년 단위로 계획을 세우는 것이 좋지만, 그렇다고 한꺼번에 10년, 20년 뒤까지 계획을 미리 짜 둘 필요는 없다. 내 계획대로 세상이 움직여주는 것도 아니고 10년 뒤, 또는 20년 뒤의 미래를 예측하기란 쉽지 않다. 따라서 5년 단위로 Life Plan을 짤 경우 처음 5년간 계획만 짜고, 5년이 지난 다음에 다시 5년 계획을 짜면 된다.

　얼마 전 해외연수를 떠나는 후배 지원 씨를 만났다. 지원 씨는 누구나 부러워하는 좋은 직장을 그만두고, 4년 전에 좀 더 자신의 개성을 발휘할 수 있는 작은 직장으로 과감히 옮겼다. 워낙 열심히, 또 즐겁게 일하는 성격이다 보니 옮긴 직장에서도 좋은 성과를 냈고, 능력도 인정받았다. 그리고 해외연수를 가는 남편과 함께 해외연수를 떠나게 된 것이다.

오랜만에 만난 우리는 서로 이런저런 이야기를 하다가 내가 지원 씨에게 물었다.

"해외연수 다녀온 다음에 다시 직장으로 복귀할 거야?"

"언니, 사실은요, 제가 4년 전에 직장을 그만두면서 5년간 계획은 세워 놨는데 그 후 계획은 아직 세워놓지 않았어요. 4년 동안 새로운 직장에서 열심히 일하고, 1년 해외연수 가는 것까지가 제 계획이었거든요. 그 후 계획은 그때 가서 생각해 보려고요."

지원 씨가 내년에 돌아올 때 과연 새로운 5년 계획을 어떻게 세울지 궁금하다.

임신과 출산 계획 역시 워킹맘을 꿈꾸는 여성이라면 당연히 세워두어야 한다. 결혼하고 나서 아이를 언제 낳을지, 또 아이는 몇 명을 낳을지, 몇 살 터울로 할지 등등. 다만 임신과 출산은 정말 뜻대로 되는 것이 아니어서 계획으로만 끝날 가능성도 무척 크다는 점을 명심하기 바란다. 신혼을 즐기려 했는데 너무 빨리 임신하는 경우도 많고, 반대로 아이가 늦게 생기거나 안 생겨서 마음고생을 하는 경우도 많다. 때로는 뜻하지 않게 둘째를 가지게 되는 경우도 있다.

내 친구 중에도 큰 애와 12살 터울인 늦둥이 둘째를 낳은 친구가 있다. 또, 임신하더라도 유산하는 경우도 왕왕 있다 보니 계획대로 출산하는 것은 정말 쉽지 않다.

언제 아이를 가지게 되느냐에 따라 직장에서 언제 일에 좀 더 많은 시간을 쏟을 수 있는지가 대강 결정되기 때문에 아이를 가지게 되는 시기는 워킹맘으로서의 미래와 직결된다. 당신이 다니는 직장에서 가장 중요한 시기가 40대 초반이라면, 그때 일과 육아를 충분히 병행할 수 있도록 계획을 세우고 노력하는 것이 필요하다. 즉, 그때 아이가(아이가 둘 이상이라면 가장 어린 아이) 초등학교 고학년은 돼야 육아를 하면서 일에도 많은 시간을 쏟을 수 있다.

그런데 정말 인생은 계획대로 되는 것이 아니라서 결혼을 언제 할지, 또 아이를 언제 낳을지는 뜻대로 되는 것이 아니다. 나 역시 어찌어찌하다 보니 결혼이 늦어졌고, 자연스럽게 출산도 또래 친구들보다 늦어진 경우다. 따라서 결혼과 출산은 하늘의 뜻에 맡기고, 아이를 낳고 나서 워킹맘으로서의 인생 설계를 5년이나 10년 단위로 세워도 충분하다.

모든 워킹맘의 Life Plan이 그러하듯 나 또한 앞으로의 10년에 대해 '둘째 현민이가 대학에 들어가면 그다음부터는 완전 자유시간이다'는 개괄적인 계획을 세워두고 있다. 그때까지 일과 가정 사이에서 균형을 맞추고 무게추를 잘 조절하면서 살아갈 것이다.

육아휴직을
조커로 활용하라

07

어린 자녀를 둔 워킹맘들은 한 번씩은 '육아휴직을 할까, 말까?' 하는 고민을 하게 된다. 출산휴가를 마치고 회사에 복귀할 날은 다가오는데 아이를 봐주시기로 한 시어머니가 갑자기 교통사고를 당하셔서 병원에 입원하셨을 때, 또 초등학교 입학을 앞둔 아이가 숫기가 별로 없다 보니 '학교에 잘 적응할까' 하는 걱정으로 잠을 이루지 못할 때 누구나 한 번쯤은 '육아휴직을 해 볼까' 하는 생각을 하게 된다.

그리고 이어지는 수많은 고민들…… '그런데 갑자기 내가 빠져 버리면 인원보충이 안 될 텐데 동료들에게 미안해서 어떡하지', '회사에 찍혀서 육아휴직 마치고 돌아오면 내 책상이 남아있을까', '승진에 불이익을 받지 않을까.'

얼마 전 후배 지영 씨를 만났다. 방송기자인 그는 아이가 셋이다.

퇴근 시간도 매우 불규칙하고 일도 많은 방송기자 일을 하면서도 아이를 셋이나 낳아 잘 키우는 지영 씨를 만날 때마다 항상 대단하다는 생각이 든다. 이런저런 이야기를 하다가 자연스럽게 육아 이야기로 화제가 옮겨졌다.

"지영 씨, 그동안 출산휴가에 육아휴직까지 공백이 좀 있었는데 그것 때문에 손해 본 건 없어?"

"저도 육아휴직 마치고 복귀해 보니까 그때는 정말 동료들보다 뒤처져 있더라고요. 아이 셋 낳고 육아휴직까지 하니까 복귀하고 몇 년 동안은 계속 그런 상태였어요. 그런데 그게 만회가 되더라고요."

"어떻게?"

"복귀하고 나서 얼마 안 됐을 때 일 많기로 소문난 출입처로 발령이 났어요. 출근도 일찍 해야 하고, 퇴근은 항상 늦은 출입처였죠. 처음에는 '아이 셋 키우는 내 사정을 알면서 이렇게 발령을 냈나' 하는 생각에 좀 서운하기도 했어요. 그런데 그게 기회가 되더라고요. 한 3년 거기서 열심히 하니까 어느새 저는 '고생한 사람'으로 인식되어 있더라고요. 덕분에 공백 기간에 뒤처진 것을 거뜬히 만회했죠."

나 역시 육아휴직을 한 경험이 있다. 그때 나를 고민스럽게 했던 건 '후임 충원이 안 되면 어쩌지' 하는 것이었다. 법원은 2월에 정기인사를 하는데 8월에 갑자기 육아휴직을 신청하다 보니 후임 충원이 된다는 보장이 없었다. 만약 후임자가 충원되지 않으면 다른 판사들에게 업무 부담이 갈 수밖에 없어서 마음이 무척 무거웠다. 다행히 후임 충원이 되기는 했지만, 그것 때문에 다른 법원에 근무하던 판사가 갑자기 인사발령을 받게 되어 관계자들에게 미안한 마음이 들었다. 그런데도 그때나 지금이나 육아휴직 하기를 잘했다는 생각에는 변함이 없다.

육아휴직을 신청했을 때 큰 애 현진이는 6살이었다. 아이가 아주 어렸을 때는 엄마의 부재가 크게 문제가 되지 않았다. 그런데 현진이가 5살, 6살이 되어 또래 친구들을 사귀기 시작하고, 자기 나름의 사회생활에 눈뜨게 되면서 엄마의 역할이 커짐을 실감할 수 있었다. 우리 아이가 다른 친구들과 어울릴 수 있으려면 내가 엄마들과 어울려야 가능하기 때문이다.

당시 현진이는 유치원 친구들과 방과 후 운동을 같이했는데 근무시간 중이다 보니 시어머니가 현진이를 데리고 다니셨다. 다른 친구들은 모두 엄마와 같이 다녔는데, 운동을 마치고 함께 저녁 식사를 하면서 어울리는 경우가 많았다. 그런데 현진이는 할머니와 다니다 보니 결국, 친구들의 무리에 끼지 못했다. 유치원을 마치고 가끔 친구들이 키즈카페나 야외로 놀러 갈 때도 마찬가지였다.

엄마의 부재가 아이의 친구 관계에 영향을 주는 것을 눈으로 보면서 속상한 적이 많았다. 아이들이 5~6살 때 또래 친구들에게 관심을 보이기 시작하고, 현진이 역시 친구들을 좋아해서 친구들과 많이 어울리고 싶어 하는데 그렇게 해주지 못하다 보니 마음이 아팠다.

"우리 아이가 친구 생일잔치에 초대받지 못했을 때 제일 속상했어요"라는 후배들이 많은데, 엄마의 부재로 친구들과 자주 어울리지 못하게 되는 건 어찌 보면 워킹맘 아이들의 숙명 같은 것이다.

나는 그다음 해에 지방 근무를 하게 될 예정이었는데 아이를 데려
갈지 그냥 두고 갈지 마음을 정하지 못한 상태였다. 만약 아이를 두고
혼자 지방 근무를 한다면 엄마의 공백은 더 커질 것이 뻔했다. 게다가
현진이는 해외연수 가기 전에 출산하다 보니, 갓난아이였을 때 아이만
한국에 두고 혼자 해외연수를 가게 되어 곁에서 돌봐주지 못한 미안함
이 항상 남아 있었다.

결국, 여러 가지를 고민하다가 '지금 내게 가장 필요한 건 아이와
같이 시간을 보내는 것'이라는 결론을 내렸다. 지방 근무를 앞두고 있
다 보니 아이와 시간을 보내는 것이 그 다른 무엇보다 내게 절실했던
것이다. 6개월 동안 육아휴직을 하면서 방과 후 운동이나 그 외 활동
에 항상 함께하면서 현진이는 친구들과 많이 어울릴 수 있었다. 친구
엄마들과도 친해져서 그다음 해에 지방 근무를 가게 되었을 때 친구
엄마들이 현진이를 많이 챙겨주어 무척 고마웠다. 그렇게 친해진 유치
원 친구 엄마들과는 아직까지도 가끔 만난다.

육아휴직을 하게 되면 엄마로서는 얻는 점이 많지만, 반면 경제적
으로나 직장에서는 잃는 점이 생기게 된다. 바로 이것 때문에 육아휴
직을 할지 말지 고민하게 된다. 카드에서 '조커'는 가장 긴요할 때 사
용해야 한다. 굳이 꼭 필요하지 않을 때 조커를 쉽게 써버리면 다음에
절실할 때 후회해도 소용없다.

아이 곁에 있는 것이 가장 절실할 때 육아휴직을 적극적으로 활용
하라. 그리고 육아휴직을 결심한 이상 혹시라도 당신을 매우 못마땅하

게 여길지 모르는 상사의 눈치를 볼 필요는 없다. 육아휴직으로 회사
에서 욕을 먹든, 승진에서 불이익을 당하더라도 아이와 충분한 시간을
보낸 것만으로 육아휴직은 충분한 의미가 있다.

또한 당장은 뒤처질지 몰라도 당신은 앞으로 충분히 육아휴직의 공
백을 메울 수 있다. 육아휴직은 '경단녀가 될까 말까?' 고민하는 당신
에게 반드시 유용한 '조커'다.

육아휴직은 0~3세,
5~8세 중 언제?

08

육아휴직을 여러 번 쓸 수 있는 직장은 별로 없다. 따라서 가장 적절한 때에 육아휴직을 활용하는 지혜가 필요하다. 아이가 만 8세가 되기 전까지 신청 가능한 육아휴직, 아이가 아주 어릴 때인 0~3세 때 하는 것이 좋을까? 아니면 아껴 두었다가 아이가 초등학교에 입학할 무렵 하는 것이 좋을까?

각각 다른 시기에 육아휴직을 한 워킹맘의 사례를 소개한다.

▶ 사례 1 : 애착 관계 형성기(0~3세) 때가 좋아요!

혜정 씨는 둘째를 낳은 다음 출산휴가에 이어 바로 1년간 육아휴직을 했다.

"육아휴직을 하면서 둘째는 물론 두 살 터울인 첫째와도 유대관계가 굉장히 좋아졌어요. 제가 육아휴직을 시작하면서 주위에서 아이가 밝아졌다는 이야기를 많이 하시더라고요. 엄마와 아이의 애착 관계는 아이가 아주 어릴 때 생기잖아요. 특히 0~3세 때가 중요해요. 저는 이 시기에 육아휴직을 하면서 두 아이와 애착 관계를 형성할 수 있었어요. 또, 아이가 0~3세 때 엄마가 곁에 있는 게 아이 정서에도 많은 도움이 되는 것 같아요. 그래서 그런지 육아휴직을 마치고 회사에 출근한 다음에도 아이들이 계속 밝고 안정적이더라고요. 물론 유대감도 계속 좋고요."

혜정 씨가 육아휴직 생각을 하게 된 건 친한 친구의 이야기를 듣고 나서부터였다.

"일이 무척 많은 직장에 다니는 친구가 있어요. 그 친구는 너무 바쁘다 보니 큰 애가 어릴 때는 거의 같이 시간을 보내지 못했는데요, 둘째 낳고 얼마 안 돼서 해외연수를 가게 되었어요. 그때 큰 애는 5살이었고요. 그런데 어릴 때 아이와 애착 관계를 형성하지 못하다 보니 1년 동안 해외연수를 하면서 같이 지냈는데도 큰 애와는 거리감이 많이 좁혀지지 않더라는 거예요. 반면, 둘째와는 확실히 애착 관계가 생겼고요. 이번에 큰 애가 초등학교에 입학하게 되었는데 아직도 큰 애와는 데면데면하대요."

결국, 혜정 씨는 아이가 0~3세일 때 애착 관계 형성이 되지 않으면 그 이후는 늦다는 생각을 하게 되었고, 둘째를 출산하자 실행에 옮겼다. 1년간의 육아휴직을 하는 것이 작은 결심은 아니었지만, 덕분에

혜정 씨는 둘째뿐만 아니라 큰 아이와도 친밀한 애착 관계를 만드는
두 마리 토끼를 잡을 수 있었다.

▶ 사례 2 : 초등학교 1학년 때가 좋아요!

주연 씨는 둘째 아이의 초등학교 입학에 맞춰 1년간 육아휴직을 했
다. 회사에서 중간 간부급이다 보니 1년간 자리를 비우는 게 여러 가
지로 마음에 걸렸지만, 더 이상 늦추면 안 되겠다는 절박감에 큰 결심
을 했다. 바로 큰 아이 때의 경험 때문이다. 딸과 아들을 둔 주연 씨는
큰 아이가 초등학교에 갓 입학한 2012년 3월, 처음 며칠 동안 회사에
서 눈치를 봐가면서 점심시간을 이용해 하교 시간에 맞춰 아이를 데리
러 갔다.

“처음 며칠 동안 학교 정문 앞에서 같은 반 엄마들이랑 인사하면서
눈도장 찍는 게 중요해. 그리고 운동팀에는 무조건 껴야 해.”

직장선배의 조언을 금과옥조(金科玉條, 소중히 여기고 지켜야 할 규칙
이나 교훈)처럼 여겼던 주연 씨는 며칠 동안 학교 정문에서 아이를 기
다리면서 같은 반 엄마들과 인사도 나누고, 근처 베이커리에서 이야기
도 나누면서 엄마들과 어울리려고 무던히 애를 썼다. 3월 중순에 열리
는 학부모 총회에는 반일 휴가까지 내면서 참석했다. 또 학부모 총회
를 마치고 엄마들과 티타임을 가지면서 마침 같은 반 아이들끼리 만드
는 운동팀에도 낄 수 있었다. 주말에는 가끔 같은 아파트에 사는 친구
엄마에게 연락해 아이들까지 같이 ‘번개 모임’도 가졌다.

3월에는 반 엄마들 모임도 자주 열렸다. 모든 게 순탄해 보였다. 그

런데 4월이 지나고 5월, 6월이 되자 반 엄마들의 모임도 뜸해지고, 주연 씨는 점점 엄마들과 사이가 소원해지는 것을 느낄 수 있었다. 큰 애역시 일주일에 한 번씩 반 친구들과 운동하는 것 말고는 친구들과 어울리는 기회가 점점 줄어들었다.

왜일까? 주연 씨가 내린 결론은 이렇다. 엄마들 사이의 네트워크는 1학년 1학기에 거의 형성된다. 아이의 친구 관계 역시 비슷하다. 즉, 1학년 1학기 때 엄마들, 친구들과 관계를 잘 맺어두면 초등학교 6년 내내 편하다. 그런데 세상일이 다 그렇듯 누군가와 친해지는 건 저절로 되는 것이 아니다. 만나는 횟수가 잦고, 함께 하는 시간이 많아지면서 자연스럽게 친해진다.

초등학교 1학년 초에 많은 엄마들은 아이를 학교에 데려다주면서 모닝커피를 한다거나 브런치(brunch) 모임을 통해서 거의 매일 보게 되고, 자연스럽게 친한 엄마들 모임이 생기게 된다. 친한 엄마들끼리 자주 만나면서 아이들 역시 자주 어울리게 되고, 1학년 1학기가 끝날 무렵에는 친한 엄마들, 친한 아이들 관계가 형성된다. 고학년이 되면 아이가 자연스럽게 친구들을 사귀고 아이들끼리 연락해서 만나기도 하지만, 저학년 때는 아무래도 엄마의 네트워크에 영향을 받게 된다.

"같이 만날 시간이 부족한 저로서는 어쩔 수 없더라고요. 또, 아이가 초등학교에 막 입학하고 나서 나름 스트레스를 받잖아요. 막상 지내놓고 보니 아이에게 엄마가 꼭 필요한 때가 그때 아닌가 하는 생각이 들었어요."

주연 씨는 육아휴직을 하면서 둘째 아이가 초등학교 생활에 잘 적응할 수 있게 열심히 뒷바라지했다. 엄마와 아이와의 애착 관계가 아이가 어릴 때인 0~3세에 형성되듯, 초등학교 생활 역시 첫출발인 1학년 1학기가 중요한 법. 학교에 데려다주고 데리고 오기, 숙제 봐주기, 간식 챙기기 등 여러 가지를 챙긴 덕분인지 둘째는 안정감 있게 초등학교 생활에 적응해 갔다. 또 엄마와 같이 있는 시간이 늘자 표정도 더 밝아졌고, 정서적으로도 한층 더 안정되었다. 같은 반 엄마들과도 자주 어울리면서 친한 엄마들 모임을 만들 수 있었고, 아이 역시 친구들과 어울리는 시간이 많아졌다.

둘째뿐만 아니라 3학년인 첫째 뒷바라지도 빠질 수 없었다. 직장에 다니면서 힘들었던 '친구 초대'부터 했다. 친한 친구들을 집에 오게 해 방과 후에 같이 놀게 하니까 아이가 무척 좋아했다. 친구 엄마들과도 자주 연락하면서 친해졌다. 무엇보다도 엄마가 집에 있으니까 아이의 표정이 무척 밝아졌다. 대화도 많이 하면서 수다스러운 모녀관계가 되었다. 육아휴직을 한 지 거의 1년이 거의 되어갈 무렵, 주연 씨는 아이가 이전보다 더 적극적이며 활달하게 학교생활을 하고, 또 친구도 많아진 것을 눈으로 직접 확인할 수 있었다.

아이와의 애착 관계도 중요하고, 초등학교 1학년 적응기도 중요하다. 각각 놓칠 수 없는 치명적인 매력을 가진 육아휴직, 과연 언제 하는 게 좋을지 너무 고민할 필요는 없다. 육아휴직은 언제 해도 그만한 결실이 있기 때문이다. 다만 앞선 두 사례가 당신의 고민을 해결하는 데 작은 나침반이 되기를 희망한다.

아이를 몇 명 낳을지
고민될 때

09

일하랴, 아이 돌보랴 바쁜 워킹맘들에게는 아이 하나를 키우면서 일하는 것도 쉽지 않다. 그렇기 때문에 둘째 아이를 가져야 할지 말지 고민하는 워킹맘들도 많다. 과연 어떻게 하는 것이 좋을까?

얼마 전 후배 마리 씨가 사무실로 나를 찾아 왔다. 평소 밝은 표정과는 달리 수심이 가득한 얼굴이었다.

"언니, 갑자기 둘째를 임신하게 됐어요. 둘째를 가질 생각이 없었는데 임신하게 되니까 무척 당황스러워요."

마리 씨의 현재 최대 관심사는 직장에서의 승진이다. 좋은 직장에 입사했다고 해서 탄탄대로를 걷는 것이 아닌 직장 내에서 살아남기 위해 다시 치열한 경쟁을 거쳐야 하는 무한경쟁의 시대. 마리 씨에게는 승진을 위해 앞으로 3년간이 무척 중요한데, 계획에 없는 임신을 하게 되니 기쁨보다는 걱정이 앞섰던 것이다.

좋은 평가를 받기 위해서는 야근과 주말근무도 불사해야 하는데 임신 상태에서는 지금과 같은 업무량을 유지하기가 어렵다. 더구나 내년에 출산휴가로 3개월간 자리를 비우게 되면 경쟁이 치열한 동기들 사이에서 아무래도 좋은 평가를 받기 어렵다. 게다가 마리 씨는 2017년에 해외연수 가는 것도 계획했었는데, 이 또한 불투명하게 되었다. 2년간 좋은 평가를 확보해 놓은 다음 2017년에 해외연수를 가려 했는데 임신과 출산으로 인해 공백이 생기면 어떻게 될지 모른다.

둘째 아이를 임신하고 출산하는 시기가 워킹맘들에게는 가장 힘든 시기일 것이다. 시댁이나 친정에서 아이를 봐 주시는 경우, 아이를 한 명 맡기는 것과 둘 맡기는 건 차원이 다르다. 한 명은 부탁할 수 있어도 둘 다 부탁하기는 쉽지 않다. 육아 부담 역시 아이가 하나에서 둘이 되면 2배가 아니라 2.5배~3배쯤 된다. 퇴근하고 나서 어린 아이 둘을 돌보다 보면 몸은 녹초가 된다. 아이가 둘이 되면 육아 도우미나 입주 도우미를 구하기도 쉽지 않다. 또, 구해도 일이 힘들다면서 몇 달 만에 그만두는 경우도 꽤 있다.

워킹맘들이 일을 계속할지 말지 가장 많이 고민하는 시기가 아마 이때일 것이다. 또한, 경쟁이 치열한 직장일수록 워킹맘들이 일과 육아 사이에서 '혹시 내가 육아 때문에 회사에서 뒤처지는 건 아닐까, 회사에서 살아남을 수 있을까' 하는 걱정을 가장 많이 하는 시기 역시 이때일 것이다. 입사 후 5년에서 10년 사이에 승부가 나는 직장일수록 마리 씨와 같은 고민을 할 수밖에 없다. 육아 부담이 가장 많은 시기에 회사에서의 경쟁 또한 가장 치열하기 때문이다.

만약 마리 씨가 둘째 아이를 가질지 말지에 대해 상의해 왔다면 나는 솔직하게 '당분간 둘째는 가지지 말라'고 조언했을 것이다. 경쟁이 가장 치열한 시기에 육아와 승진의 두 마리 토끼를 잡기는 쉽지 않기 때문이다. 또한, 두 마리 토끼를 잡는다 해도 무리를 하다 보면 건강이 상할 수도 있다.

한편으로는 이런 조언을 할 수밖에 없는 우리나라의 남성 위주 직장문화에 화도 난다. 마리 씨 같은 고민을 하는 워킹맘이 줄어들기 위해서는 직장 보육시설 확충 같은 물질적 지원도 필요하지만, 그보다는 임신과 출산·육아에 대한 사회의 시선이 먼저 바뀌어야 한다. 출산휴가로 몇 달 자리를 비우는 경우 연말평가에서 사실상 불이익을 받고, 육아휴직이 '그림의 떡'인 회사가 많은 현실에서 아이를 가지려는 직장여성이나 둘 이상 낳으려는 직장여성은 늘어나기 힘들다.

그리고 이런 현실은 우리나라의 출산율 저하와도 직결된다. 여성의 사회진출이 늘어날수록 출산과 육아를 배려하는 분위기가 조성되어야 하고, 결국 이를 위해서는 여성들의 노력도 많이 필요하다.

나는 마리 씨의 이야기를 들으면서 힘든 조건에서 워킹맘으로 일하는 여성들의 현실에 매우 속상했다. 그러나 한편으로는 현실을 냉철히 보고 인정할 것은 인정하면서 위기를 극복해 나가는 지혜가 필요하다. 아이들이 어렸을 때 아이를 한 명 둔 워킹맘과 둘을 둔 워킹맘의 경쟁력은 확실히 차이가 난다. 아이가 한 명이라면, 세 돌 지난 다음부터는 아주 힘든 시기는 지났다고 볼 수 있다. 그러나 아이가 둘이라면 둘째를 낳고 나서 다시 출발선에서 시작해야 한다.

또 업무적인 면에서 본다면 단언컨대 아이를 하나 둔 워킹맘의 경쟁력이 더 낫다. 특히, 마리 씨처럼 입사 5년~10년 사이에 승부가 나는 경쟁이 치열한 직장일수록 더욱 그렇다. 하지만 모든 직장이 다 그런 건 아니라서 일률적으로 말하기는 어렵다.

나는 아이 둘을 모두 판사 시절에 낳았는데 법원은 임관 5년~10년 사이에 승진 여부가 결정되는 곳도 아니고, 상대적으로 경쟁이 치열한 편도 아니라서 출산과 육아에 고민이나 큰 어려움이 없었다. 따라서 둘째를 가질지 말지 고민하는 워킹맘들에게 다음과 같이 이야기해 줄 수 있다.

당신이 근무하는 직장이 입사 5년~10년 사이에 승부가 나는 곳이고, 당신은 아이도 중요하지만, 직장에서의 발전 역시 절대 포기할 수 없다면, 둘째 아이를 가지더라도 회사에서 안정된 위치에 올라갔을 때 가지는 것이 낫다. 그 정도는 아니지만, 유아 시절 아이를 대신 봐 줄 만한 적당한 여건이 되지 않는다면 이 또한 둘째는 신중하게 결정하는 것이 좋다.

그런데 인생이 계획대로 되는 것은 아니라서 둘째 아이 갖기를 계획해도 뜻대로 임신이 되지 않아 한 명의 자녀로 그치는 경우도 많다. 또, 마리 씨처럼 뜻하지 않은 시기에 둘째를 가지게 되는 경우도 많다.

나는 마리 씨에게 이런 말을 해 주었다.

"뜻하지 않게 임신하기는 했지만, 지금 마리 씨에게 가장 중요한 건 건강한 출산이야. 임신 때문에 야근이나 주말근무를 못하게 될까봐 걱정하지 말고, 우선 건강이 나빠지지 않도록 신경 써. 일이 너무 많다 싶으면 조절해 가면서 말이야. 그리고 생각해 봐. 지금 마리 씨가 나한테 하는 말도 아이가 뱃속에서 들을 텐데, 마리 씨가 임신 때문에 회사 일을 많이 못할까봐 자꾸 걱정하면 그게 다 아이에게도 영향을 미치는 거야. 그런 걱정하는 게 아이에게 좋겠어? 마리 씨도 마음을 편하게 가져. 우선 건강한 출산에 신경 쓰고, 그다음에 하나씩 고민을 풀어가자고. 지금까지 열심히 해 왔으니까 크게 걱정할 필요 없을 거야. 또, 출산 마치고 복귀한 다음 열심히 하면 좋은 평가를 받을 수 있어."

진심으로 마리 씨가 건강한 출산과 회사에서의 승진이라는 두 가지를 다 이루기를 바란다.

'마리 씨, 파이팅!'

시간은 경단녀를
기다려주지 않는다

10

일과 육아 사이에서 너무 힘들다 보면 '일단 몇 년 쉬면서 아이를 키운 다음 다시 일을 해 보면 어떨까' 하는 생각이 들 수 있다. 어린 아이를 돌봐줄 사람이 마땅치 않을 때, 아이가 한 명이었을 때에는 어찌어찌 일과 육아를 병행했지만 둘째를 갖게 되어 그 한계에 다다랐을 때나 기타 여러 가지 사정으로 일하기가 벅찬 상황에서 이런 생각이 드는 순간은 많다. '좀 쉬었다가 아이가 초등학교에 입학한 다음 다시 일자리를 찾아보자'는 생각이 과연 현실이 될 수 있을까?

최근의 조사결과에 따르면, 경력단절여성 가운데 재취업 시 기존 상용근로자였던 여성 중 47.3%만이 상용직으로 복귀하는 것으로 조사됐다. 또, 조사결과에 따르면 임시직으로 재취업한 여성은 22.2%나 됐다. 임금수준도 낮아져 월평균 200만 원 이상을 받던 여성 중

50.3%는 100만~200만 원 미만 일자리를 얻었고, 100만 원도 받지 못하는 일자리에 재취업하는 비율도 34%나 됐다. 또 재취업에는 평균 9.7년이 걸렸다.

또한, 여성가족부가 경력단절여성의 재취업을 지원하기 위해 운영하는 새로일하기센터의 현황자료에 따르면, 2012년 센터를 통해 취업한 여성 중 67.1%가 재취업 후 1년 미만의 근무를 하는 것으로 조사되었다. 위 자료에 따르면, 2012년 센터를 통해 취업한 12만 2,610건 가운데 7만 679건(57.6%)만 고용보험에 가입됐다. 또, 고용보험에 가입된 취업자 10명 중 3명(31.6%)은 근무 기간이 3개월에 못 미쳤고, 고용보험을 1년 넘게 유지한 취업자는 10명 중 3명(32.9%)에 불과했다.

한번 일을 그만두면 재취업에 많은 시간이 걸린다. 설령 재취업에 성공해 직장을 다녀도 이전보다 훨씬 낮은 월급을 받거나 계속 고용이 유지되기도 힘든 현실이다. 더욱이 요즘 같은 취업난 시대에 한번 직장을 그만두면 재취업은 정말 어렵다. '몇 년 후, 꼭 이곳으로 다시 돌아와야지' 하고 다짐하지만, 시간은 당신을 기다려주지 않는다.

몇 년의 공백 동안 동료들은 앞으로 나아가지만, 당신은 몇 년 전 그 자리에 그냥 머물러 있는 것이 아니라 시간이 흐를수록 점점 뒤로 밀려난다. 그 사이 나이는 많아지고, 일에서 멀어진 만큼 업무능력을 회복하는 데도 시간이 걸린다.

요즘 같은 초고속시대에 경단녀는 경쟁력이 떨어질 수밖에 없다. 이러다 보니 재취업도 어렵지만, 재취업하더라도 전보다 작은 직장에,

정규직보다는 비정규직 또는 시간제 근무로 고용되는 것이 현실이다. 또 어렵게 취업하더라도 고용이 불안정한 비정규직인 탓에 계속 일한다는 보장도 없다. 그래서 재취업의 방법으로 창업하는 경우도 있지만, 창업해서 성공하기란 정말 어렵다. 결국, 한번 경단녀는 영원한 경단녀가 되기 쉽다.

물론 예외적인 경우도 있다. 후배 은정 씨는 3년의 공백을 딛고 회사복귀에 성공했다. 워낙 맡은 일에 철저하며 적극적이고 밝은 성격 탓에 동료들과 관계도 좋았던 은정 씨는 1년간 회사 해외연수를 다녀오면서 퇴사했다. 10년간 몸을 아끼지 않고 일하다 보니 지치기도 했고, 스스로 휴식이 필요하다는 생각에 과감하게 사표를 낸 것이다.

그 후 3년간 은정 씨는 초등학생인 두 딸을 키우면서 나름대로 잘 지냈는데, 중간 간부의 공백이 생긴 회사로부터 최근 다시 돌아와 달라는 요청을 받았다. 은정 씨는 남과 차별화되는 전문성을 갖춘 데다 퇴사 전에도 워낙 좋은 평가를 받아왔던 터라 복귀가 가능했던 것이다.

사실 은정 씨의 경우에 육아 문제가 아닌 자신을 위해 퇴사의 길을 선택하기는 했지만, 퇴사 몇 년 후 다시 그 자리로 복귀했다는 점에서 충분히 경단녀들의 롤모델이 될 만하다. 남과 차별화되는 실력, 철저한 업무처리로 쌓은 좋은 평가, 원만한 대인관계. 이 세 가지를 갖춘다면 공백을 딛고 회사로 복귀하거나 괜찮은 직장에 재취업할 수 있다.

직장을 그만두는 경우는 자신을 위해 그만두는 경우와 타의에 의해 그만두는 경우가 있다. 직장 생활이 전혀 즐겁지 않고 매일 도살장에 끌려가는 소처럼 출근한다면, 결혼이나 출산의 기회를 통해 자연스럽게 직장을 그만두는 것도 좋은 방법이다. 은정 씨처럼 일에 지치다 보니 고민 끝에 휴식기를 가지기 위해 스스로 직장을 그만두는 경우도 있다. 또 아이가 많이 아프다거나 어쩔 수 없는 경우도 있다.

또한, 모든 엄마가 전부 워킹맘일 필요도 없다. 직장보다는 전업주부가 자신의 적성에 훨씬 맞는 엄마들도 많다. 내 동생도 전업주부가 훨씬 성격에 맞는 경우다. 동생은 결혼 전에 잠깐 직장 생활을 했는데, 별 만족과 보람을 느끼지 못했었다. 아마 동생 같은 여성에게 워킹맘을 하라고 한다면 큰 고통일 것이다.

그러나 일이 재미있고 직장 생활에서 기쁨과 만족을 느끼는데, 임신이나 육아 때문에 원치 않게 직장을 그만두는 경우는 다르다. '몇 년간 아이 키우고 빨리 다시 복귀해야지' 하는 생각은 현실이 되기 어렵다. 당신이 직장을 그만두는 순간, 당신은 이미 '취업의 강'에서 돌아올 수 없는 다리를 건넜을 확률이 높다. 세상은 빠르게 변하고, 시간은 당신을 기다려주지 않는다. 특히, 요즘 같은 취업난에 당신의 자리는 아주 빠른 속도로 다른 사람으로 채워질 것이다.

일을 소중하게 생각하는 워킹맘이라면, 이 점을 꼭 명심하기 바란다. 그러므로 지금 힘들다고 절대로 일을 그만두어서는 안 된다. 단단히 마음먹고 버티다 보면 언젠가 '봄날'은 온다.

일을 그만두는 게
정답은 아니다

아이가 어느 정도 자라면 조금 나아지니까 몇 년만 참으라고, 몇 년만 더 견디라고 말한다. 하지만 몇 년이 아닌 단 몇 달을 버티기가 어려운 워킹맘들도 있다. 오늘 당장 아이를 돌봐줄 사람이 없는데, 단 몇 달을 넘기기도 어려운데 '몇 년' 운운하는 건 남의 이야기이고, 팔자 좋은 워킹맘들의 이야기로 들릴 수 있다. 육아휴직은 '그림 속의 떡'인 직장 또한 많다.

통계청에 따르면 15~54세 기혼 여성 중 임신·출산과 육아, 자녀 교육, 가족 돌봄 때문에 직장을 그만둔 경력단절여성은 213만 9,000명으로 조사됐다(2014년 4월 기준). 직장여성들이 퇴사하는 이유로는 결혼(82만 2,000명), 육아(62만 7,000명), 임신·출산(43만 6,000명) 순으로 나타났다. 연령대별로 보면 30대 경력단절여성이 111만 6,000명

(52.2%)으로 절반 이상을 차지해 결혼과 출산, 육아가 경력 단절의 주된 이유임이 확인됐다. 지금 이 순간도 육아를 이유로 직장을 그만두는 여성이 있을 것이다. 육아 또한 중요하기 때문에 그 결정이 그럴 만한 충분한 이유와 가치가 있다고 생각한다.

하지만 직장에 사표를 내기 전에 다시 한 번 몇 가지 점들을 진지하게, 또 아주 객관적으로 생각해 보기 바란다. 직장을 그만둠으로써 얻을 것들만 생각하지 말고 잃을 것도, 또 앞으로 당신에게 펼쳐질 앞날에 대해서도 꼭 생각해 보았으면 한다. 그리고 이 모든 것을 받아들일 마음의 준비가 되어 있는지 생각해 보기 바란다. 설령 당장 내일이 보이지 않을 정도로 급하고 절망적인 상황이라도 말이다.

▶ 체크 포인트 1 : 문제의 원인은 직장이 아닌 가정에 있다. 직장을 그만둔다고 해서 문제가 해결되는 건 아니다.

아직 나이가 어린 아이를 둔 워킹맘들에게 직장에서 퇴근하는 건 퇴근이 아니라 새로운 출근인 셈이다. 집에 오면 아이들 식사 챙기랴, 숙제 봐주랴, 씻기랴 쉴 틈 없이 보내다 보면 화장도 지우지 못하고 잠들기 일쑤다. 주말은 더욱 힘들다. 주말 내내 아이들에게 내내 시달리다 보면 차라리 월요일에 집을 나오면서 '휴~, 이제 해방이다'는 생각이 절로 든다.

얼마 전 사법연수원 여자 제자 몇 명과 만난 자리에서 육아 이야기가 자연스럽게 나왔다. 제자들은 대개 5살 미만 아이들을 두고 있는데 두 아이를 둔 은수는 퇴근 후 아이들을 돌보느라 정신이 하나도 없다면서 이렇게 말했다.

"교수님, 주말 내내 아이들 보다 보면 정말 월요일이 기다려져요. 월요일에 출근해서 사무실에서 커피 한 잔 하는 순간이 그렇게 행복할 수 없어요. 아직 아이들이 어려서인지 저한테는 주말이 정말 반갑지 않아요. 우울한 금요일, 기다려지는 월요일이에요."

우울한 금요일, 기다려지는 월요일!

나 역시 아이들이 어렸을 때는 그랬었다. 요 며칠 주말 내내 아침, 점심, 저녁을 챙기고, 잠깐 데리고 나가 콧바람이라도 쐬어 주고, 씻기고…… 이것저것을 하다 보면 일요일 저녁이 될수록 다크서클이 내려앉는다. 당신이 일을 그만둔다면, 날마다 퇴근 없는 하루하루가 될 것이고, 월요일이 기다려지는 즐거움도 없어지지 않을까?

무엇보다 워킹맘이 힘든 건 직장에서가 아니라 주로 육아 때문이라는 것이다. 아이들이 어렸을 때는 아이들을 돌보느라, 또 아이들이 학교에 들어가고 나서는 학교생활이나 교육 때문에 걱정될 때도 있고, 신경이 쓰일 때도 있다. 직장 생활이나 일 같은 내 앞가림은 잘할 수 있는데 자식 문제만큼은 내 마음대로 되는 것이 아니니 솔직히 일보다 육아가 더 힘들게 느껴진다.

아이가 사춘기에 접어들면 그 고충은 더욱 커진다. 나도 큰 애 현진이가 아무도 안 건드린다는 '중2'가 되고 나서는 학교에서 돌아오는 아이의 기분부터 먼저 살피게 된다. 아이가 기분이 좋으면 나도 마음이 편하고, 아이가 기분이 좋지 않으면 나 역시 마음이 편하지 않다.

한편으로는 학교 숙제도 많고, 학원까지 다니느라 바쁜 아이를 보면서 안쓰러운 마음도 많이 든다.

친구 중에는 아이가 심한 사춘기를 보낸 탓인지 속이 다 곪아 터진 친구들도 있다. 또 아들을 둔 한 친구는 아이를 대하기가 너무 힘들어서 아들을 이해하기 위해 심리학 공부를 한 경우도 있다. 이런 친구들일수록 하나같이 말하는 것이 있다. '일이 있어서 그래도 덜 힘들었다고, 직장에 있는 동안은 근심·걱정을 잊을 수 있었다고…….'

워킹맘들에게 가장 힘든 건 주로 육아 문제다. 그러나 정말 아이 곁에 있어 주어야 하는 상황이 아니라면 대개 육아 문제는 걱정만 될 뿐 나 스스로 어떻게 해결할 수 없는 것들인 경우가 많다. 공부 문제만 해도 그렇다. 옆에서 아무리 '공부해라, 공부해라~'라고 귀에 못이 박이도록 이야기해도 아이 스스로 열심히 해야겠다는 생각이 들어야 한다. 말을 물가로 끌고 갈 수는 있어도 억지로 물을 먹일 수는 없는 것처럼 말이다.

지인 중에 정신지체 아이를 키우는 선배가 있었다. 아이가 나이에 비해 말도 잘하지 못하고, 충동적인 행동도 많이 하다 보니 이 선배는 정말 직장을 그만두고 아이를 돌봐야 하는 것 아닌가 하고 심각하게 고민을 했었다. 그런데 병원은 물론 주위에서 모두들 선배가 일을 그만두는 것을 말렸다고 한다. 엄마가 온종일 24시간 아이를 돌본다고 해서 아이의 상태가 나아지는 것도 아니고, 오히려 계속 아이 곁에 있다 보면 엄마의 좌절감도 더 커지고 정신건강에도 좋지 않을 수 있다는 이유에서였다.

이 선배는 정기적으로 아이를 병원에 데리고 다니면서 상담과 치료도 받고 학교에도 적응할 수 있도록 여러 가지 뒷받침을 해 왔었다. 딱히 일을 그만둔다고 해서 크게 달라질 것은 없었고, 아이의 문제가 해결되는 것도 아니었다.

워킹맘들의 고민은 주로 직장이 아니라 가정에 있다. 문제의 원인이 직장에 있는 것이 아닌데, 직장을 그만둔다고 해서 문제가 해결될 수 있을까? 이 때문에 당신이 직장을 그만두고 육아에 전념한다고 해서 반드시 문제가 해결되는 건 아니다.

선택의 갈림길에 선
워킹맘들

12

일과 육아를 병행하는 워킹맘들에게는 많은 어려움이 따른다. 아이 때문에 또는 자신의 문제로 지금 이 순간도 '일을 계속해야 하나 아니면 그만두어야 하나' 고민하는 워킹맘들이 있을 것이다. 이런 고민을 하는 워킹맘이라면, 최종 결정을 하기 전에 다음과 같은 몇 가지를 꼭 생각해보기 바란다. 무엇보다도, 워킹맘은 엄마로서의 삶도 있지만, 나 스스로의 삶도 있다는 점을 명심하자.

▶ **체크 포인트 2 : 아이는 자란다. 결국 '나'를 위해 직장을 그만두어야 남 탓을 하지 않게 된다.**

육아 문제로 고민을 하다가 결국에는 직장을 그만둔 워킹맘들의 사례를 소개한다. 직장에 만족하면서도 아이를 봐 줄 사람이 마땅치 않아 어쩔 수 없이 직장을 그만둔 A씨. 아이가 어릴 때는 그럭저럭 일과 육아를 병행했지만, 어느덧 커서 학교 갈 나이가 된 아이의 뒷바라지를 열심히 해야겠다는 생각에 직장을 그만둔 B씨. 일과 육아 사이에서 스스로 너무 힘들어서 '하나만 하자'는 생각으로 직장을 그만둔 C씨. 처음에는 직장이 재미있었지만, 점점 일이 힘들고 그러던 차에 아이가 생겨 자연스럽게 전업주부의 길을 걷게 된 D씨.

이처럼 워킹맘들이 직장을 그만두는 이유는 여러 가지다. 그런데 '육아' 때문이든 '나 자신을 위해서' 이든 직장을 그만두고 나서 '그때 조금만 참을 걸, 조금만 버틸걸' 하는 후회를 하는 건 정신 건강상 워킹맘들에게 좋지 않다.

다시 앞에 나온 워킹맘들의 사례들을 보자.

당장 아이 볼 사람이 없어 직장을 그만둔 A씨. 끝이 보이지 않을 것 같던 육아의 길은 몇 년 지나니까 한결 낫다. 아이가 유치원에 가고 나서는 자유시간도 생기고, '일자리를 찾아볼까' 하는 생각도 든다. 그러나 현실적으로 정규직 취업은 '낙타가 바늘구멍에 들어가기' 만큼 힘들다. 물론 잘 자라준 아이를 보면 '내가 그만두길 잘했다'는 생각이 들다가도 가끔 접하는 전 직장 동료들의 소식에 '내가 그때 그만두지 않았더라면 지금쯤……' 하는 생각을 지울 수 없다.

B씨의 아이는 초등학교 때는 엄마의 뒷바라지 덕분인지 학교생활도 잘하고, 공부도 잘했다. 워킹맘에서 '열성 맘'으로 변신한 B씨. 부지런한 B씨는 엄마들과의 네트워킹, 교육 정보 수집, 각종 학원 설명회 참석으로 직장 생활만큼 바쁜 하루하루를 보냈다. 그런데 중학교에 들어가고 사춘기에 접어든 아이가 공부에 집중하지 않자 매일매일 아

이와 전쟁 중이다. 아이 뒷바라지와 직장 생활을 바꾼 B씨에게 아이의 성적은 직장에서의 승진이나 다름없다.

C씨 역시 직장을 그만둘 때는 아직 나이가 어린 아이 돌보랴, 직장 다니랴 너무 힘든 탓에 '내가 왜 이렇게 살아야 하지' 하는 생각에 사표를 냈지만, 아이가 점점 자라고 보니까 '그때 조금만 참을 걸 그랬나?' 하는 생각도 든다.

D씨는 일이 즐겁지 않았기 때문에 그 시절로 돌아갈 생각이 전혀 없다. 직장을 그만두고 나서는 자신의 수입 없이 남편의 수입에 의존해서 살다 보니 답답할 때가 가끔 있기는 하지만, 그래도 지금 생활에 만족한다. 아이가 좀 자라면 시간제 직장을 알아볼까 생각 중이다.

앞에 소개한 사례들은 '가정적'이다. 육아 때문에 직장을 그만두더라도 인간은 환경에 적응하기 마련이기 때문에 금방 전업주부 생활에 적응하고 충분히 만족할 수 있다. 그러나 여기서 이야기하고자 하는 건 '후회감이 들 때' 어떻겠느냐는 것이다.

A씨나 B씨처럼 육아 때문에 직장을 그만둔 경우 보상심리로 아이의 성적에 더 매달리게 되지는 않을까. 또 그러다 보면 아이와의 관계가 더 나빠지지 않을까. 어쩌면 보상심리는 아니더라도 발전을 꿈꾸던 워킹맘이었다면 어느 날 문득 거울에 비친 자신의 모습을 보면서 '너 잘 살아온 거니, 네가 꿈꾸던 모습이 겨우 이거야?' 하는 허무감이 들지 않을까. C씨나 D씨는 후회감이 들더라도 남 탓은 하지 않을 것이다. 왜? 나 자신을 위해 직장을 그만두었기 때문이다. '내 탓이오, 내

탓이오~'를 연발할지언정 아이 탓, 남 탓은 하지 않을 것이다.

 그리고 남 탓을 하지 않기 위해서는 '나 자신'을 위한 생각으로 직장을 그만두어야 한다. 어찌하든지 간에 아이는 자란다. 아이가 자란 다음에 설령 당신이 다시 일하고 싶은 생각이 들더라도 시간은 당신을 기다려주지 않을 가능성이 훨씬 크다.

육아 때문에 직장을 그만둔다면, 정말로 아이에게 보상심리를 가지지 않을 자신이 있는지, 또 남 탓을 하지 않을 수 있는지 진지하게 생각해 보길 바란다.

▶ 체크 포인트 3 : 남편이 '벌어다 주는' 돈과 내가 '버는' 돈은 엄연히 다르다.

몇 년 전 '안식년(재충전의 기회를 위해 주는 휴가)'을 가는 남편을 따라 6개월간 배우자 휴직을 한 적이 있다. 배우자 휴직은 말 그대로 '휴직'이라 6개월간 수입이 단 한 푼도 없었다. 휴직 전에는 매달 받는 월급으로 생활비도 충당하고, 내 필요한 것들도 사고, 남편 눈치 보지 않고 당당하게 돈을 썼다.

그런데 수입이 없다 보니 하다못해 마켓에 가더라도 남편에게 손을 벌려야 했다. 그러다 보니 휴직 기간 동안 생각지 않은 현상이 일어났다. 남편의 수입으로 집안의 살림을 꾸리다 보니 나도 모르게 남편을 대하는 태도가 달라졌던 것이다. 전에는 남편과 동등하다고 생각하고 그렇게 대했는데, 버는 돈이 없다 보니 나 스스로 남편과 내 관계가 동등하게 느껴지지 않았다.

얼마 전 육아휴직을 했다가 복직한 후배 하진 씨 역시 나와 같은 경험을 한 경우다. 물론, 육아휴직 동안 육아휴직 수당이 들어오기는 하지만, 그 액수가 충분하지 않다 보니 번번이 남편에게 손을 벌리는 것이 영 낯설었다고 말했다.

"언니, 남편 눈치도 보이고 어떨 때는 빨리 복직하고 싶더라고요. 가끔은 생색내는 꼴이 치사하기도 했고요."

내가 배우자 휴직을 하면서 뼈저리게 느낀 것이 두 가지인데 그중 하나가 '나는 평생 남편에게 기대지 않고 나 스스로 내 쓸 돈을 벌면서 살겠다' 는 것이었다. 경제적인 자립과 부부 사이의 관계 설정은 분명 연관이 있다.

결혼 초기부터 수입활동을 하지 않았으면 모를까, 직장 생활을 하면서 나 스스로 돈을 벌다가 어느 순간 그 수입이 없어져 버리면 어떤 기분일지 생각해 보기 바란다.

아이의 친구 엄마 중에 친정이 재력가라 아직까지 친정 도움을 받는 엄마가 있다. 얼마 전 무슨 이야기를 하다가 친정이야기가 나왔는데, 그 엄마 말은 이랬다.

"제 나이가 40대 중반인데 이 나이까지 아버지한테 경제적 도움을 받으니까 아버지 앞에서 당당하지 못하고 눈치 보여요. 내가 이 나이에 이렇게 살아야 하나 사는 생각도 가끔 들어요."

세상에 공돈은 없다. 내가 버는 돈과 남편이 버는 돈은 엄연히 다르다. 설령 남편의 수입에 비해 내 수입이 쥐꼬리만 할지라도 내가 버는 돈은 소중하다.

▶ 체크 포인트 4 : 내 이름 석 자로 살아갈지 누구누구 엄마로 살아갈지, 결국 엄마로서의 삶만큼 나 스스로의 삶도 중요하다.

아이의 친구 엄마를 만나면 자연스럽게 호칭은 '누구누구' 엄마이다. 그렇기 때문에 오랫동안 친하게 지낸 엄마라도 그 엄마 이름을 몇 년이 지나고서야 알게 되는 경우도 많다. 얼마 전 아이 친구 엄마들 모임에서 어떤 엄마가 이런 제안을 했다.

"우리 앞으로 '누구누구 엄마'라고 부르지 말고, '누구누구 씨'로 부르면 어떨까요?"

결국, 새로운 이름을 외우는 것도 쉽지 않다는 반대 의견이 많아 그냥 넘어가고 말았지만, 그 엄마의 제안에 공감이 갔다. 워킹맘들은 아이의 친구 엄마들 사이에서는 '누구누구 엄마'로 통하지만, 직장에서는 자기 이름으로 불린다. 나 역시 직장에서는 '전주혜 변호사'로, 엄마들 사이에서는 '현진이 · 현민이 엄마'로 불린다.

호칭은 자기 정체성이다. 또, 워킹맘은 엄마로서의 삶도 있지만, 나 스스로의 삶도 있다. 따라서 직장을 그만두는 건 내 이름 석 자로 살아갈지 아니면 누구누구 엄마로, 누구의 부인으로만 살아갈지의 문제이기도 하다.

내가 배우자 휴직을 하면서 느낀 나머지 한 가지가 바로 이것이다. ‘나는 절대로 일을 그만두지 않겠노라고. 칠십, 팔십이 될 때까지 일하겠노라고’. 내게 일이란 ‘나를 당당하게 만들어 주고, 나를 나답게 하는 것’이라는 사실을 배우자 휴직을 하면서 비로소 느낄 수 있었다.

만약, 자기 정체성이 강하고 자기 주관이 뚜렷한 당신이라면 이 문제를 잘 생각해보기 바란다.

엄마가 행복해야
아이도 행복하다

13

아이를 키우는 데에는 엄마의 희생이 따른다. 워킹맘이든 전업주부든 아이를 위해 희생하는 건 마찬가지다. 아이가 어릴 때는 아이 보느라 밤에 잠도 제대로 못 잔다. 자신보다 아이에게 더 좋은 음식을 먹이고, 더 좋은 옷을 입히는 엄마들이 대부분이다. 그러나 이 세상 엄마들은 자신의 이런 처지를 결코 불행하다고 생각하지 않는다. 힘든 것과 불행한 것은 엄연히 다르다. 아이가 좋아하는 모습을 보면서 자신도 행복하다고 느낀다. 엄마의 행복해하는 미소를 보면서 아이 역시 더 큰 행복감을 느낀다.

결국, 엄마가 행복해야 아이도 행복하다.

몇 년 전 남편 안식년에 맞추어 배우자 휴직을 계획한 적이 있었다. 남편이 미국으로 안식년을 가는 기회에 아이들도 외국 생활을 할 수 있는 좋은 기회여서 배우자 휴직을 하고 가족이 같이 갈 것을 계획했던 것이다. 그런데 안식년을 앞두고 아이들 학교 문제로 돌발 상황이 생겼고, 아이들이 미국에 갈 것인지 말 것인지가 불확실하게 되었다. 아이들이 미국에 가게 되면 나 역시 배우자 휴직을 하고 같이 가는 것이고, 그렇지 않으면 굳이 배우자 휴직을 할 필요가 없었다.

갑자기 닥친 상황에 당황스러우면서, 한편으로는 몇 년 전부터 남편의 안식년에 맞춰 가족 모두가 미국에 갈 것을 계획해 왔던 터라 못 갈 수도 있는 상황에 낙담도 되었다. 아이들 문제다 보니, 다소 무리를 해서라도 아이들을 데리고 미국에 갈 것인지 아니면 말 것인지 쉽게 결정을 내리기 어려웠다. 며칠 고민을 하다가 선배 언니에게 상의를 했다.

"아이들에게 맞추지 말고 네가 좋은 쪽으로 결정해. 엄마가 좋아야 아이들도 좋은 법이야."

너무나 명쾌한 선배 언니의 대답이 아직도 귀에 선하다.

'그래, 내가 좋은 쪽으로 결정하자. 그렇지 않으면 아이들 때문에 내가 하고 싶은 걸 못 했다고 두고두고 후회할지 몰라.'

당시에 내가 원하던 건 아이들과 같이 외국에서 살아보는 것이었다. 2001년 법원 해외연수를 떠나면서 그 직전에 큰 애를 낳다 보니 너무 갓난아이라 함께 가지 못하고 떼어 둔 아쉬움이 너무 커서 '나중에 꼭 아이를 데리고 외국에서 살아 보겠다'는 결심을 했었다. 그리고 10년 만에 기다리던 기회가 왔는데, 이 기회를 놓쳐 버리면 너무 아쉬움이 클 것 같았다. 결국, 내가 원하는 쪽으로 결정하고 6개월간 배우자 휴직을 하게 되었다.

물론 내 인생에 외국 생활을 하느냐 마느냐가 큰 영향을 미치는 건 아니다. 그때 미국을 가지 않았더라도 내 인생은 크게 달라지지 않았을 것이다. 다만 두고두고 아쉬웠을 것이다. 이런 일에도 '내가 좋은 쪽으로 결정하는 것'이 현명한 방법인데, 직장을 계속 다닐지 말지 같은 중차대한 일에는 단언컨대 아이보다는 내가 원하는 쪽으로 결정을 하는 것이 좋다.

일을 소중히 생각하고, 일에서 보람을 느끼는 워킹맘이라면, 아무리 일과 육아 사이에서 힘들어도 절대로 일을 그만두어서는 안 되는 이유가 바로 이것이다. 내 인생에 큰 영향을 미치는 일을 결정할 때 내가 원하는 쪽으로 결정해야 아쉬움도 없고, 후회도 없다. 그래야 남의 탓도 하지 않게 된다.

일과 육아 사이에서 몸은 힘들어도, 일을 통해 자신감과 행복을 느끼는 워킹맘에게 직장이 없어진다면 결국, 자신감도 잃고 행복감도 없어진다. 또 엄마 마음이 불편하면, 아무리 내색을 안 해도 그 감정이 아이에게 전달된다. 결국에는 아이도 마음이 불편해진다. 또, 보상심리에서 아이에게 더 집착할 수 있고, 아이의 입장에서도 이런 엄마의 태도가 무척 부담스러울 것이다. 그러다 보면 아이와 관계가 나빠질 수 있다.

아이가 말을 안 들을 때, 또 뜻대로 되지 않을 때 '내가 일까지 그만두고 이렇게까지 희생해가면서 너를 키웠는데 나한테 이럴 수 있어'

하는 마음이 들지 않을까. 또, 아이가 점점 커서 자유시간이 많아질 때 '괜히 일을 그만두었나' 하는 생각에 후회하지는 않을까. 혹시라도 힘든 시기를 버텨 가면서 직장에서 한 단계 한 단계 승진해 가는 동료를 보면서 '일을 계속했으면 나도 저 자리에 있었을 텐데' 하면서 스스로 초라함을 느끼지는 않을까.

무엇보다 일을 그만두게 되면 자신의 성공을 평가할 대상이 가정으로만 국한되다 보니 '자식의 성공 = 나의 성공'이라고 생각하기 쉽다. 그러다 보면 '성과(명문대 진학 등)'에 더욱 집착하게 되고, 만약에 원하는 성과가 나오지 않을 경우 크게 낙담할 수 있다. 이것은 엄마에게도 아이들에게도 모두 좋지 않다.

일하는 여성의 성공 평가 대상은 이보다 훨씬 다양하다. 워킹맘에게 성공이란, 직장에서의 성공과 가정의 성공을 합한 의미이기 때문이다. 워킹맘들은 일을 통해 능력을 발휘하고 인정받는 과정에서 충분히 기쁨과 즐거움을 얻을 수 있고, 이런 '엔도르핀(endorphin)'은 결국 아이들에게도 좋은 영향을 미친다.

사실 직장 생활에서 일이 주는 즐거움도 있지만, 직장 생활 자체에서 얻는 즐거움도 상당하다. 직장 동료들과 수다를 떨다 보면 집에서 받은 스트레스도 어느 순간 없어진다. 설령 집안의 우환으로 근심거리가 있더라도 사무실에서 일하는 동안은 잠시 근심·걱정을 잊을 수 있다. 기운 없이 출근했다가도 사무실에 들어서는 순간 언제 그랬냐면서 팔팔해지기도 한다. 어느 순간 얼굴에 미소가 번진다.

결국, 엄마로서의 삶도 중요하지만, 내 삶도 중요하다. 아니 훨씬 더 중요하다. 내 인생의 주인공은 누구누구 엄마가 아니라 '나 자신'이기 때문이다. 일을 통해 기쁨과 행복을 느끼는 당신이라면, 결코 일을 포기해서는 안 된다. 당신이 행복해야 아이도 행복하다.

아이에게 죄책감을
느끼지 마라

14

워킹맘들은 누구나 아이에게 미안한 감정을 가지기 마련이다. 아침에 출근할 때, 엄마를 붙잡는 아이를 떼어두고 집을 나설 때, 아이가 아플 때 곁에 있어 주지 못할 때, 아이의 학교행사에 참석하지 못할 때 등등 미안한 감정이 들 때는 헤아릴 수 없이 많다. 마치 아이의 성적이 안 좋은 게 제대로 뒷바라지를 못해준 엄마 탓인 것 같은 생각도 든다. 그러나 이런 미안한 감정이 지나쳐 죄책감으로 흐르는 건 경계해야 한다. 또한, 미안한 감정이 아이에 대한 지나친 관대함으로 이어지는 것 역시 경계해야 한다.

지금까지 아이들을 키우면서 가장 미안했던 것은 2007년 지방 근무를 할 때였다. 법원 인사는 수도권과 지방으로 근무지를 옮기는 순환 근무를 반복하기 때문에 누구나 지방 근무를 해야 한다. 2007년 부장판사로 광주지방법원에 부임하면서 혼자 내려갔는데, 당시 큰 애 현진이는 7살이었다. 둘째 현민이는 아직 어리다 보니 엄마와 떨어지는 것에 오히려 무덤덤해 했는데, 현진이는 달랐다. 특히, 그 전 해에 6개월 동안 육아휴직을 하면서 많은 시간을 보내서인지 엄마와 떨어져 지내는 것에 크게 슬퍼했다.

사실 지방 근무를 앞두고 아이들을 데리고 갈까 생각도 했었다. 나 역시 초등학교 시절 내무공무원이던 아버지가 지방 근무를 가실 때 아버지를 따라가지 않고 형제들과 서울에 남은 적이 있다. 그때 엄마는 서울과 지방을 왔다 갔다 하셨는데 학교에서 돌아오면 항상 맞아주시던 엄마가 안 계신 집이 얼마나 허전하던지. 그런 경험을 하면서 가족은 떨어지지 않고 같이 살아야 한다는 걸 어린 나이에나마 어렴풋이 느꼈었다. 이런 내 경험을 아이들에게는 느끼지 않게 하고 싶었다.

그런데 막상 인사발령이 나고 부임일이 가까워져 올수록 아이들을 데리고 가는 것이 고민되었다. 아이들 역시 엄마 때문에 지금까지 살아온 환경이 갑자기 바뀌는 것 아닌가. 특히, 현진이는 그동안 친하게 지낸 유치원 친구들과 헤어져 새 친구들을 사귀어야 하고, 미술학원이나 운동수업 등 모든 환경이 바뀌는 것이었다. 또 현진이는 누군가와 헤어지는 걸 무척 싫어하고 슬퍼하는 성격인데 지방으로 가게 되면 그로 인한 스트레스가 크겠다 싶었다. 아무리 어린 아이라도 자신만의 삶이 있는데 모든 환경이 하루아침에 바뀌어 버리면 아이라도 힘들겠다는 생각도 들었다.

무엇보다도 1년 만에 수도권 법원으로 옮길 가능성이 컸다. 지방 근무를 2~3년 한다면 몰라도 1년 정도이다 보니 그럴 바에는 나만 내려가는 것이 환경을 바꾸는 것보다 더 낫겠다는 생각이 들었다. 금요일 저녁에 집에 와서 월요일 아침에 내려가면 금요일, 토요일, 일요일 세 밤을 아이들과 보내는 것이라 1년 정도면 이것도 나쁘지 않았다.

2007년 2월 마지막 주에 광주지방법원에 부임했는데, 그때부터 3월까지 매주 일요일마다 현진이는 많이 울었다. 출근 시간에 맞추느라 월요일 아침 일찍 집을 나서다 보니 아이는 아침에 눈을 뜰 때 엄마가 없는 것이 너무 싫은 모양이었다. 일요일 저녁만 되면 울기 시작해서 밤 12시가 넘을 때까지 잠도 자지 않고 '엄마, 안 가면 안 돼? 내일 아침에 깼을 때 엄마가 없다고 생각하면 너무 슬퍼서 잠이 안 와. 엄마가 안 간다고 약속할 때까지 안 잘 거야' 하면서 계속 조르기도 했다.

안 간다고 약속해야 잠을 이룰 수 있다는 아이의 말에 거짓말을 할 수밖에 없었다.

"그래, 엄마 안 갈 거야, 그러니까 걱정하지 말고 자자."

아이의 눈물에 나도 눈물이 주르륵 흘렀다. 한동안은 일요일마다 아이가 깊게 잠을 자지 못했다. 아침에 눈을 떴을 때 혹시 엄마가 안 보일까봐 불안한 나머지 자다가 깨서 내가 있는 것을 확인하고야 다시 자기를 몇 번씩 반복하기도 했다. 그래도 다행이었던 건, 시간이 지날수록 일요일 저녁에 아이가 슬퍼하는 게 조금씩 줄어들어 초여름이 되어서는 훨씬 편한 마음으로 월요일에 집을 나설 수 있었다.

그런데 더욱 신기했던 건, 일요일 저녁에는 세상이 끝나는 것처럼 그렇게 슬퍼하고 내 앞에서 생떼를 부리던 현진이가 막상 월요일 아침에 일어나서 엄마가 없을 때 엄마가 약속을 안 지키고 가 버렸다고 울거나 엄마를 찾기는커녕 평상시처럼 준비하고 유치원에 간다는 것이었다. 또 저녁에도 엄마를 찾는다거나 엄마가 없다고 칭얼대지도 않는다는 것이었다. 생각해 보면, 월요일 아침에 현진이 전화를 받은 적이 단 한 번도 없다. 아침에 일어나서 엄마가 없으면, 왜 약속을 안 지키고 가버렸느냐고 칭얼대면서 전화할 만도 한데 그런 적이 없다.

TV에서 출근하는 엄마를 붙잡고 우는 아이 장면을 본 적이 있다. 엄마 뒤를 따라가면서 울던 아이가, 엄마가 현관을 나가는 모습을 보고 뒤돌아서서는 어찌나 아무 일도 없는 태연한 표정이었던지. 엄마는 아이의 우는 모습만을 기억하고 온종일 마음이 무거울 텐데, 실제로 아이는 그렇지 않다는 걸 알면 엄마 마음이 한결 편하겠다 싶었다.

얼마 전 후배들과 만난 자리에서 워킹맘 이야기를 하던 중 후배 현정 씨가 이렇게 말했다.

"저희 엄마가 워킹맘이셨는데요, 제가 초등학교 때 항상 엄마한테 '나는 엄마처럼 안 살 거야. 나는 엄마처럼 일도 안 하고, 결혼해서 현모양처가 될 거야'라고 했대요. 그런데 저는 그런 말을 한 기억이 전혀 안 나요. 한 번도 아니고 입버릇처럼 엄마한테 그 말을 했다는데 기억이 전혀 나지 않는 거예요. 엄마도 워킹맘이셨고, 저도 계속 일을 할 생각인데, 제가 왜 그런 말을 했는지 모르겠어요. 엄마는 그 말이 너무 마음에 걸리셨다고 하시는데 정작 저는 기억이 나지 않는 게 정말 신기해요. 어린 나이도 아니고 초등학교 때였다는데……."

엄마 앞에서 보이는 아이의 모습과 엄마가 없을 때 보이는 아이의 모습은 확실히 다른 것 같다. 아이들은 아무리 떼를 쓰고 울어도 엄마는 결국 출근하고야 말 것이라는 걸 눈치챈다. 물론 꼭 좋은 건 아니지만, 어쨌든 아이는 현실에 적응한다. 적응력은 아이가 훨씬 빠르다. 외국 생활을 해 보아도, 외국 환경에 더 빨리 적응하는 건 부모보다 오히려 어린 아이들이다. 부모들은, 우리 아이가 외국어를 못하는데 어떻게 학교에 적응할까 노심초사하지만, 정작 적응이 느려 헤매는 건 부모쪽이다.

이처럼 워킹맘의 아이들 역시 엄마가 직장에 있는 동안 떨어져 지내는 것에 빠르게 적응하고 의연하게 대처한다. 그러니 아침에 출근할 때 붙잡고 울던 아이 모습을 온종일 떠올리며 지나친 미안함이나 죄책감을 느낄 필요는 없다. 그리고 이런 생각으로 아이에게 지나치게 관대한 것 또한 아이에게 좋지 않다. 나도 그랬지만, 대개의 워킹맘들은 아이와 많은 시간을 보내주지 못한다는 미안함에 아이가 사달라는 것이나 해 달라는 것을 쉽게 거절하지 못한다.

그런데 내 경험으로 봐도 아이들은 미안함 때문에 잘해 주는 것에 별로 고맙게 생각하지 않는 것 같다. 오히려 하나를 사다 주면 그것에 만족하지 못하고 더 큰 걸 사달라고 요구한다. 약속을 지켰다거나 어떤 원칙도 없이 해 달라는 것을 모두 해 주는 건 아이에게 오히려 안 좋은 영향을 미칠 수 있고, 또 교육상 좋지 않다.

엄마 앞에서 보이는 모습이 아이 모습의 전부는 아니다. 아이는 엄마가 생각하는 것보다 더 의연하게 자신의 상황에 잘 적응해 간다. 엄마가 곁에 있건 없건 결국 아이는 '스스로' 큰다. 엄마가 곁에 없다고 아이가 잘못된다거나 뒤처지는 건 결코 아니다. 워킹맘들의 한결같은 걱정은 이것이다. '내가 일하기 때문에 우리 아이가 뒤처지거나 외톨이가 되는 건 아닐까?' 그러나 이것은 걱정일 뿐이다.

아이에게 중요한 건 엄마와 같이 보내는 시간의 양이 아니라 엄마의 관심과 사랑이다. 따라서 직장에서 돌아와 아이에게 충분한 관심과 사랑을 주는 한, 아이에 대한 죄책감을 느낄 필요는 없다. 게다가 엄마가 죄책감을 느끼는 건 아이에게도 좋지 않다. 자칫 지나친 관대함으로 이어져 아이에게 안 좋은 영향을 미칠 수도 있고, 무엇보다 엄마의 마음이 아이에게 전해지기 때문이다. 그러니 워킹맘들이여, 괜한 죄책감을 느끼지 말고, 아이에게 긍정적인 모습을 보여주자!

워킹맘에게도
봄날은 온다

15

워킹맘들은 일하랴, 아이 키우랴 정신없이 지낸다. 특히, 아이가 어릴 때는 더욱 그렇다. 자신을 돌보거나 쉴 시간이 없는 것도 그렇지만, 무엇보다 일과 육아 사이에서 죽도 밥도 아니라는 생각에 자괴감에 빠지는 워킹맘들도 많다. 그러나 이런 상황이 영원히 계속되는 건 아니다. 시간은 흐르고, 아이가 커갈수록 일과 육아의 병행이 훨씬 수월해진다. 결국, '봄날'은 온다.

몇 년 전 법원에 근무할 때 여자 판사들로 구성된 법원 커뮤니티에 글을 쓴 적이 있다. 내용은 '내가 (부장판사가 돼서) 위에서 보니까 제일 먼저 눈에 띄는 것이 일에 대한 자세더라. 그러니까 초임판사일수록 이 점을 명심하라'는 내용이었다. 이 글을 보고 후배 판사가 조심스럽게 연락을 해 왔다.

"아이가 있는 동료 여판사들과 이야기를 많이 나누는데 가장 큰 고민이 일과 육아 사이에서 이도 저도 아닌 것 같다는 거예요. 그런데 이런 판사들이 선배님이 올린 글을 읽으면 더 낙담하지 않을까요?"

내 글의 요지는 일에 최선을 다하려는 건지, 대충 하려고 하는 건지, 무엇보다 마음의 자세가 중요하다는 것이었다. 그런데 아이를 둔 여판사들은 일에 최선을 다하고 싶어도 현실적으로 어려워서 안 그래도 고민이 많은데, 혹시라도 내 글을 읽고 '역시 나는 법원에서 인정받기는 어렵겠구나' 하는 생각이 들지 않을까 하는 것이 후배 판사의 걱정이었다.

후배들을 보면, 아이가 유치원에서 초등학교 저학년 사이일 때 제일 여유가 없어 보인다. 이 시기의 후배들은 직장경력 10년 안팎인 경우가 대부분인데 아이가 하나인 경우는 그래도 양호한 편이고, 아이가 둘인 경우는 정말 여유가 없다. 아이가 아주 어릴 때는 집에서 돌봐주기만 하면 되지만 아이가 좀 더 커서 유치원에 다닐 때부터는 아이 교육까지 신경 써야 하고, 엄마들과의 네트워킹도 형성되는 시기다 보니 일하랴, 아이 쫓아다니랴 정신이 없다.

게다가 엄마들과의 모임도 아이가 유치원 다닐 때부터 초등학교 저학년 때까지가 가장 왕성하게 이루어진다. 또, 생일잔치 역시 이 시기가 가장 많은 때라 주말에는 이런저런 각종 행사가 많다. 아이가 초등학교에 입학하고 나면 숙제 봐주는 것도 큰 일이다. 아이가 초등학교 저학년 때는 하교 시간에 맞춰 집에 전화해 내일 가져갈 학교 준비물이 있는지 등등을 챙기다 보면, 근무시간 중에 일에 완전히 집중하기가 어려운 것이 현실이다. 아이가 좀 크면 근무시간 중에 엄마에게 전화하는 경우도 많다.

그러다 보면 일의 리듬이 끊기기 일쑤고, 일을 소홀히 하는 건 아니지만 그렇다고 항상 일에 내 모든 정성을 쏟았다고는 할 수 없다. 무엇보다, 빨리 일을 마치고 퇴근 시간에 맞춰 퇴근하려다 보면 일의 마무리를 세밀하게 하지 못할 수도 있다.

이 시기 직장에서의 집중도는 보통 100점 만점에 70~80점 정도 될 것 같다. 그러다 보니 이 시기 워킹맘들은 마음 한편으로 '내가 이렇게 직장 생활을 해도 되는 건지' 하는 무거운 마음이 들게 마련이다. 이렇게 여유 없는 모습은 얼굴에 드러나기 마련이라 이 시기 아이를 둔 후배들은 굳이 말하지 않더라도 얼마나 일과 육아 사이에서 힘든 하루하루를 보내는지 짐작할 수 있다.

이런 시간적 여유의 부족은 직장에서의 미래와도 연관이 있어서 '이렇게 일하다가 과연 회사에서 인정받을 수 있을까, 과연 승진할 수 있을까' 하는 고민으로 이어질 수밖에 없다.

생각해 보자. 아이가 태어났을 때부터 10년간은 육아에 좀 더 시간 배분을 해야 하고, 그럴 수밖에 없는 시기다. 이는 워킹맘의 숙명과도 같다. 일에 완전히 집중하지 못하고, 발전도 정체되는 시간이 2~3년 만에 끝나면 몰라도 한 해 한 해 쌓여가 5년이 되고, 6년이 되고, 7년이 되고…… 그러다 보면 '이러다가 결국 나는 이 조직에서 인정받기 어렵겠구나' 하는 걱정이 커질 수밖에 없다. 자칫하면 직장에서의 미래를 지레 체념할 수도 있다. 끝이 없어 보이는 생활에 지치기도 하고,

답답하기도 하다.

'동트기 전이 가장 어둡다'는 말이 있다. 아무리 힘들고 고통스럽더라도 조금만 기다리면 곧 동이 트고, 새 아침이 밝아온다는 것이다. 내가 좋아하는 말 중에 'No Pain, No Gain'이라는 말이 있는데 이말은 '고통 없이 얻는 게 없다'는 뜻이다. 더욱이 좋은 것일수록 더 큰 고통을 대가로 한다.

일과 육아의 두 마리 토끼를 잡으려면 그만큼 많은 시간과 노력을 필요로 한다. 누누이 말하지만, 인생은 100미터 달리기가 아니라 42.195킬로미터 마라톤이다.

시간이 흐를수록 아이는 자란다. 아이가 초등학교 고학년이 되고 중학교, 고등학교, 대학교로 점점 학년이 높아갈수록 일과 육아와의 병행은 한결 수월해진다. 아이가 점점 커갈수록 일에 훨씬 더 집중할 수 있고, 자기 계발의 시간도 가질 수 있다. 여유 시간을 이용해 취미 활동이나 여행도 할 수 있다.

나 역시 다른 워킹맘들처럼 큰 애 현진이가 초등학교 저학년, 둘째 현민이가 유치원생일 때 가장 여유 없는 생활을 했다. 물론 아직 육아에서 해방된 건 아니지만 가장 힘든 시기를 보내고 나니 어느 순간부터는 나만의 시간도 생기고, 또 이렇게 글을 쓸 시간도 가지게 되었다. 게다가 일에서의 발전도 이룰 수 있었다. 아이들을 전부 대학교에 보낸 주변 선배 언니들을 보면 정말 여유가 넘쳐 난다. 그 언니들을 보면서 '나도 언젠가 저럴 날이 있겠지' 하는 희망을 품게 된다.

아이가 초등학교 고학년이 될 때까지의 10년은 결코 '잃어버린 10년'이 아니다. 그 10년이 있기에 '빛나는 10년', '더 찬란한 10년'이 기다리고 있는 것이다. 지금 당신이 견딜 수 없이 힘들다면 고생의 끝에 거의 가까이 왔다는 신호이다. 결국, 시간은 당신 편이다. 그리고 반드시 '봄날'은 온다.

워킹맘의
강점을 강화하라

워킹맘의 길을 선택한 이상, 일하느라 아이에게 못 해주는 것만 생각하는 건 좋지 않다. 오히려 워킹맘이기에 아이에게 미치는 좋은 영향도 얼마든지 많다. 현대는 '강점 강화' 시대다. 워킹맘으로서 아이에게 부족한 면을 자책하기보다 자신의 강점을 강화하는 것이 훨씬 지혜로운 방법이다.

▶ **강점 1 : 아이들은 일하는 엄마에 대해 자랑스러워한다.**

아이들은 어릴 때는 엄마가 곁에 있어 주지 못하는 것을 서운해하지만, 점점 커가면서 엄마가 일하는 것을 자연스럽게 받아들이고, 존중해 준다. 노동의 가치를 안다고 할까? 아이들은 아빠뿐만 아니라 엄마가 벌어 오는 돈으로 자신들이 살아간다는 사실에 대해 어느 순간 고마움을 느끼게 되는 것 같다.

나의 경우, 아이들이 어렸을 때부터 종종 "엄마, 아빠가 너희를 위해 열심히 일해서 벌어오는 돈으로 맛있는 음식도 먹고, 사고 싶은 것도 사고, 여행도 다니고 그러는 거야"라고 거의 세뇌하듯 이야기해 왔다. 그래서 그런지는 몰라도 현진이, 현민이는 엄마와 아빠 덕분에 이렇게 생활할 수 있다고 고맙게 생각하는 것 같다. 특히, 둘째 현민이는 여행을 무척 좋아하는데, 여행을 다녀온 후에는 엄마와 아빠에 대한 고마움이 더욱 커진다.

아이들이 고맙게 생각하는 건 엄마의 노동의 가치이기 때문에, 수입이 많고 적고는 중요하지 않다. '엄마가 나를 위해 열심히 일하는구나'라고 받아들이고, 이것을 무척 고맙게 여기는 것이다. 또한, 아이들은 엄마가 힘들게 일하는 것을 자신을 위해 희생한다고 생각한다. 일을 그만두고 육아에 전념하는 것도 희생이지만, 엄마가 일하느라 고생하는 것 또한 아이들에게는 엄마의 희생으로 비쳐진다.

엄마가 일하는 모습은 아이들에게 긍정적인 영향을 미친다. 엄마가 일하는 모습을 보면서 자란 딸은 '나도 엄마처럼 일하는 여성이 돼야지'라고 자연스럽게 생각하고, 아들 역시 일하는 여성에 대해 긍정적인 생각을 가지게 된다. 엄마가 일하는 가정에서 이루어지는 육아나 가사분담 방식, 의사결정 방식은 아이들의 양성관이나 가정관에 영향을 미치게 된다. 엄마의 직업은 아이들의 진로에 영향을 미치기도 한다. 엄마, 아빠가 모두 일하는 가정에서는 아빠 직업뿐만 아니라 엄마의 직업도 당연히 아이들의 진로에 영향을 미칠 수 있다.

얼마 전 〈크리스마스 패션쇼〉라는 연극으로 무대에 선 적이 있다. 나 같은 직장여성 7명의 이야기를 다룬 창작극이었는데, 카메오로 출연한 주원 씨는 연극의 연출을 맡은 교수님의 딸이다. 주원 씨는 원래 무용을 전공했는데, 엄마가 연출하는 연극을 봐 오면서 영향을 받아 전문 연극배우가 되었다. 또 주원 씨는 교수님이 연출하는 연극에도 몇 차례 출연했는데, 열심히 하는 모습이 참 보기 좋았다. 집에서는 엄마와 딸 사이지만, 연극 연습 할 때나 공연장에서는 연출가와 배우 사이로 깍듯하게 '교수님'이라고 부르는 주원 씨의 모습이 참 신선했다. 교수님 역시 표현은 안 하셨지만, 마음속으로 이런 주원 씨의 모습이 무척 든든하시겠다는 생각도 들었다.

이렇듯 엄마가 일하는 모습을 보면서 아이들은 차츰차츰 자랑스러운 마음을 가지게 되고, 엄마가 일하는 것을 좋아하게 된다. 이 한 가지만으로도 워킹맘에게는 일에 전념할 수 있는 충분한 동기부여가 될 것이다.

▶ **강점 2 : 아이와 더 편한 관계를 유지할 수 있고, 아이를 독립적으로 성장시킨다.**

아이는 점점 커갈수록 자신만의 공간을 필요로 하게 된다. 학교에서 있었던 일을 하나에서 열까지 다 이야기하던 아이가, 초등학교 고학년이 되면 물어보는 말에도 잘 대답하지 않고, 자신만의 비밀이 생기기도 한다. 이 시기에는 엄마와 아이와의 관계 역시 변화가 필요하다. 만약에 이 시기에 어렸을 때부터 형성된 엄마와 아이와의 밀착관계를 엄마가 고집할 경우 엄마와 아이의 관계는 불편해질 수 있다. 그런데 워킹맘의 경우에는 아이 옆에 계속 붙어 있을 수 없는 환경이 도리어 자연스럽게 아이에게 자신만의 공간을 주거나 일정한 거리를 유지하게 만든다. 그러다 보니 아이와 덜 부딪치고 편한 관계를 유지할 수 있다.

아이가 커 갈수록 엄마가 일하는 것을 반기는 이유 중 하나는 엄마가 직장에 있다 보니 상대적으로 간섭이나 잔소리를 덜 한다는 점이다. 큰 애 현진이 역시 그렇다. '엄마가 집에 있으면 간섭을 많이 할 거 아니냐'는 이유로 내가 일하는 것을 반긴다. 이것을 꼭 좋게 해석할 것은 아니지만, 어쨌든 붙어있는 시간이 많지 않다 보니 상대적으로 간섭이나 잔소리할 시간도 줄어들고, 아이와 편한 관계를 유지하게 되는 건 워킹맘으로서의 강점이다.

무엇보다도 워킹맘은 엄마로서의 삶도 있지만, 직장에서의 삶도 있다 보니, 성공의 평가 대상이 아이 문제에만 국한되지 않는다. 물론, 아이가 잘되면 좋지만, 설령 원하는 결과가 나오지 않더라도 '내 인생이 실패했구나' 라고까지 생각하지는 않는다. 이런 점 역시 아이와 편한 관계를 유지할 수 있는 큰 강점이다. 또한, '엄마가 나의 성공(성적이나 입시 결과)을 엄마의 성공과 동일시하는구나' 하고 느끼는 순간 아이는 부담을 가질 수밖에 없다. 결국, 이러한 부담은 엄마와 아이와의 관계를 불편하게 만든다.

영어 개인 수업을 하는 아이를 둔 후배인 선미 씨는 어느 날 내게 이런 하소연을 해 왔다.

"언니, 금요일 6시부터 2시간 수업 후 8시 30분 수업이 있는데 6시 수업은 신사동이고, 8시 30분 수업은 도곡동이에요. 그런데 금요일이 다른 날보다 길이 더 막히잖아요. 그러다 보니 매번 10분 정도 뒷 수업에 늦더라고요. 8시 30분 학생 어머니한테 수업시간을 좀 늦추면 어떻겠냐고 말씀드렸더니 안 되신다는 거예요. 아이가 학교에 갔다가 다른 수업을 하고 밥을 먹고 나면 딱 8시 30분이니까 바로 수업을 시작해야 한다고 하세요. 그 어머니는 학생이 조금이라도 빈둥거리는 걸 못 보시는 분이라 늦는 것도 싫어하시고, 수업시간을 늦추는 것도 싫어하셔서 난감해요."

얼굴을 본 적은 없지만, 아이가 숨 막히지 않을까 하는 생각이 들었다. 한편으로 아이가 엄마의 기대만큼 잘 따라준다면 몰라도, 그렇지 않으면 엄마의 실망감이 얼마나 클까 하는 생각도 들었다.

워킹맘은 엄마로서의 삶도 있지만, 나 스스로의 삶도 있다. 이러한 다양성이 아이와의 관계에서 일정한 거리를 유지하고, 좀 더 편한 관계를 맺을 수 있는 큰 강점으로 이어진다.

아이 곁에 계속 붙어있을 수 없는 환경은, 아이를 독립적으로 만들기도 한다. 계속 곁에서 아이를 챙겨주지 못하다 보니, 아이는 스스로 자기 일을 챙기고 독립적으로 성장하게 된다.

요즘 나이만 성인이지 행동은 아이처럼 하는 마마보이·마마걸이 많다. 부모의 과잉보호로 자라다 보니, 성인이 되었는데도 자신이 결정할 일을 스스로 결정하지 못하고 독립심이 부족한 젊은이들이 늘어나고 있는 현실이다. 또 늦게 퇴근시킨다고 엄마로부터 항의 전화를 받은 회사의 상사 이야기도 간혹 들린다. 무엇보다 지시한 일만 할 뿐 무엇을 할지 스스로 생각하고 찾는 적극성·능동성이 부족하다 보니 아무리 학벌이나 스펙이 좋아도 발전 가능성이 떨어진다.

오히려 엄마가 모든 것을 챙겨주지 못하는 환경이 아이에게 약이 되어 아이를 강하고, 독립적으로 성장시킬 수 있다.

▶ 강점 3 : 육아 과정에서 일에 대한 영감을 얻기도 한다.

육아 과정에서 얻은 경험을 자연스럽게 자신의 일과 연결시킬 수 있는 것 또한 워킹맘으로서의 강점이다. 나 역시 아이들을 둔 엄마이다 보니까 자연스럽게 아동학대범죄나 청소년 범죄에 더 많은 관심을 가지게 되고, 연구를 하게 되었다.

모 증권사 지점장인 정화 씨는 이렇게 말한다.

"대리 시절 엄마 입장에서 어렸을 때부터 아이들 앞으로 예금이나 적립식 펀드를 만드는 것에 관심이 가더라고요. 고객들에게 성의 있게 상담해 주고, 다행히 고객들이 가입한 펀드의 수익률이 높으니까 저한테 고마워하고 꾸준한 고객 관계로 이어졌어요."

출판사에 다니는 성연 씨 역시 비슷한 경험을 한 경우다.

"아이들이 있다 보니 아무래도 동화나 어린이도서에 많은 관심을 가지게 되었어요. 무엇보다 아이들에게 자주 동화를 읽어주다 보니 아이들이 어떤 표현이나 그림에 더 많은 관심을 가지는지 자연스럽게 알게 되고, 이런 경험이 동화나 어린이도서 선정에 많은 도움을 주더라고요. 또, 육아 도서를 기획하는 데도 디테일한 부분까지 경험에서 우러난 기획을 할 수 있었어요.”

어린이용 정장·드레스 숍을 하는 혜수 씨도 육아 경험을 일에 연결한 경우다. 혜수 씨는 창업을 하면서 어떤 종류의 옷을 만들지 고민하던 중에 ‘어린 자녀들을 키우는 엄마로서의 경험을 살려보면 어떨까?’ 하는 생각이 번뜩 들었다고 한다. 우리 아이에게 입힐 옷이라는 엄마가 지녀야 할 세심한 마음으로 옷을 디자인하고, 아이 친구들 엄마들의 조언도 많은 도움이 됐다. 또, 같은 학교 엄마들의 입소문을 통해 자연스럽게 가게 홍보도 되었다.

결국, 엄마로서의 세심한 경험을 일로 연결한다면 자신만의 전문 분야를 개척할 수 있는 것이다.

워킹맘으로서의 강점은 이 외에도 많다. 일단 워킹맘의 길을 걷겠다고 결심한 이상, 아이 곁에 계속 있어 줄 수 없다거나 아이의 하교를 맞아줄 수 없는 것 같은 어쩔 수 없는 것들을 계속 속상해하고 마음에 담아두는 것은 바람직하지 않다. 직장에서는 열심히 일하고, 또 집에서는 아이와 열심히 놀아주고 돌봐줌으로써 이런 부족한 점들은 어느 정도 보완할 수 있다. 아이가 자랑스러워한다는 것만으로도 워킹맘에게는 큰 힘이 된다. 강점을 강화하는 지혜를 발휘하자.

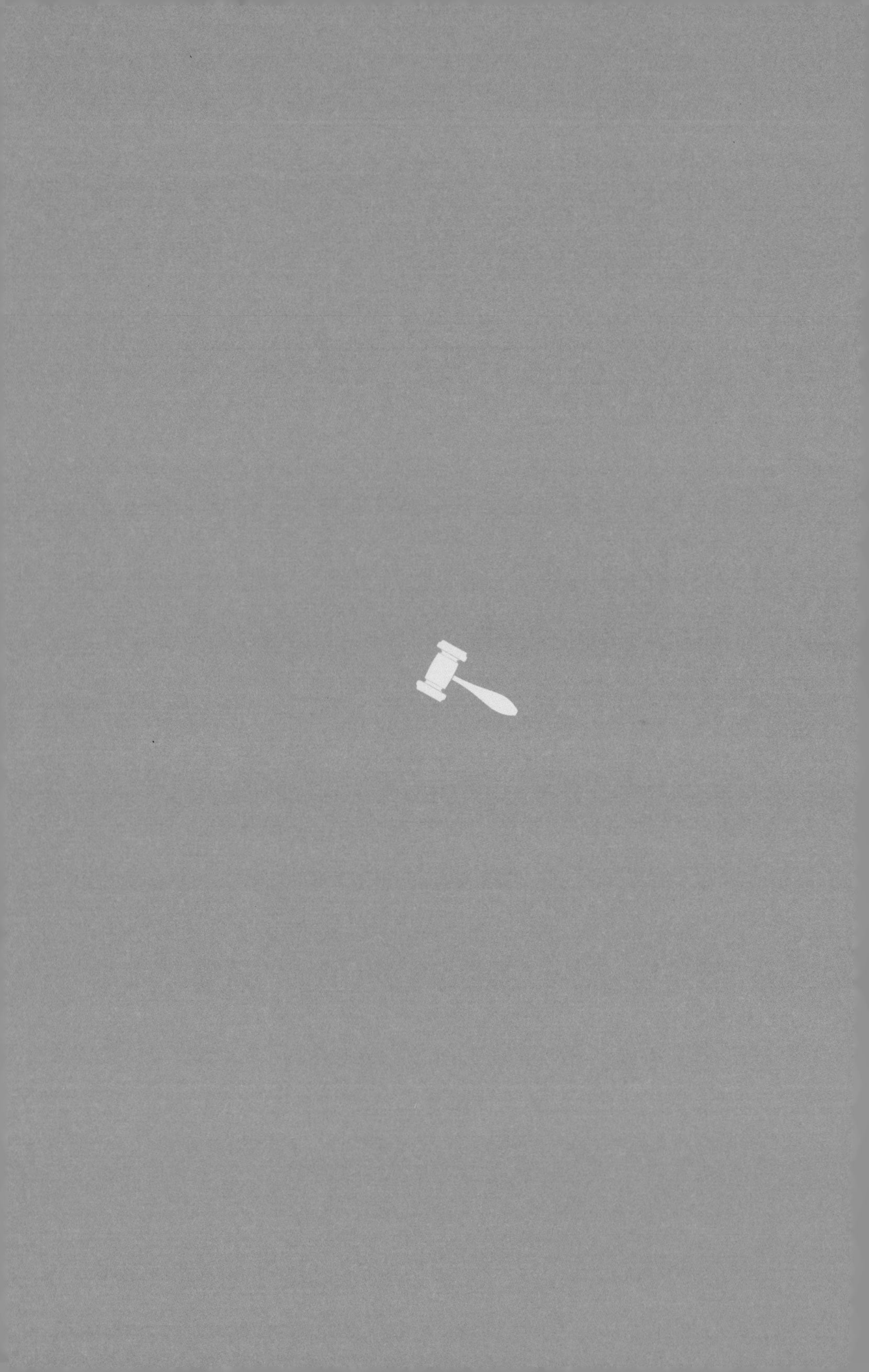

결혼한 여성이
꼭 헤쳐나갈 문제들

Part three

워킹맘으로서 어려움 없이 탄탄대로만을 걸어온 사람은 없다. 위기는 누구에게나 있다. 워킹맘이라면 최소한 한 번씩은 맞게 되는 위기, 그 해결책은 무엇일까? 내가 만나 본 워킹맘들이 백이면 백 모두 하나같이 말하는 해결책은 이것이다.
'버텨라, 무조건 버텨라!'

03

위기는
누구에게나 있다

워킹맘으로서 어려움 없이 탄탄대로만을 걸어온 사람은 없다. 누구나 울퉁불퉁한 길에서 넘어질 뻔도 하고, 또 넘어져서 무릎도 깨진 경험을 거쳐 아스팔트 길에 들어선다. 위기는 누구에게나 있다.

나 역시 일과 육아를 병행하면서 주저앉고 싶은 적이 있었다. 큰 애 현진이가 2살 때 일이다. 당시 아이를 돌봐주시던 분이 돌 무렵 집안 사정으로 그만두시고, 새로운 분이 오셨다. 그런데 이 분 역시 4개월 만에 그만두시고, 그 후 1년 동안 아이를 돌봐주시던 분이 4번이나 바뀌셨다. 새로운 분이 와서 아이가 좀 익숙해 질만 하면 3개월 정도 돼서 그만두시니 정말 머리가 터질 지경이었다.

아이가 아직 어리다 보니 낯을 가리고, 아주머니가 바뀔 때마다 2주 정도는 아이가 영 낯설어했다. 그래도 다행이었던 건 당시 친정 근처에 살다 보니, 아주머니가 바뀔 때마다 아침 출근 때 친정엄마가 며칠간 와주셔서 큰 도움이 되었다. 또 외할머니가 계시다 보니 아이도 내가 집을 나설 때 칭얼대거나 매달리지 않아서 무겁지 않은 마음으로 출근할 수 있었다.

그런데 2003년 4월 무렵 아이를 봐주시던 아주머니가 건강상 문제로 갑자기 일을 그만두시게 되면서 급히 다른 아주머니가 오셨는데(세 번째로 바뀐 분이었다) 마침 친정엄마도 집안일로 몇 주간 지방에 가 계시게 되었고, 결국 아이와 아주머니만 두고 출근해야 하는 상황이 되었다. 그때만 생각하면 아직도 마음이 아프다.

낯선 사람과 둘이 있는 것이 싫어서인지 아이는 내가 나가려는 기미만 보이면 쏜살같이 달려와 울면서 매달렸다. 아이를 안고 달래다가 다시 내려놓고 나가려고 하면 다시 울고……. 몇 번을 반복한 끝에 더 이상 출근을 미룰 수 없어서 집을 나서면 아이 울음소리가 밖에까지 들렸다. 일이고 뭐고 다 때려치우고 싶은 생각이 저절로 들었다.

당시는 법원에 육아휴직이 보편화되기 전인 데다가 해외연수를 마치고 복직한 지 얼마 되지 않아 육아휴직을 하는 것은 엄두도 나지 않았다. 만약 지금 그런 일을 또다시 맞는다면, 주위의 욕을 먹더라도 육아휴직을 할 것 같다. 무엇보다도 1년 동안 3~4개월 간격으로 아주머니가 바뀌다 보니 아이의 정서가 불안정해지는 것 같아 그게 가장 마음에 걸렸다.

또, 아이를 봐 주시는 분이다 보니 어떤 분이냐가 무척 중요해서 아주머니가 바뀔 때마다 적당한 분을 소개받는 것도 무척 신경 쓰였다.

선배 언니가 농담 삼아 "우리 같은 워킹맘은 남편 잘 만나는 것보다
아이 봐주시는 분을 잘 만나는 게 더 필요해"라고 말하곤 하는데, 아
이가 어릴 때는 이 말이 정말 맞는 말이다. 엄마 대신 '엄마 역할'을
해 줄 분을 잘 만나야 마음 놓고 출근할 수 있고, 아이에게도 좋기 때
문에 좋은 분을 만나는 것이 그만큼 절실하다. 또한, 그래야 직장에서
일에 전념할 수 있다. 나 역시 2002년 8월부터 2003년 10월까지 4명
의 아주머니를 거쳐 다섯 번째 오신 아주머니가 다행히 '마의 3개월'
을 넘어서 계셔 주신 덕분에 근심을 덜 수 있었다.

이렇듯 워킹맘이라면 최소한 한 번씩은 위기를 겪는다. 특히, 이런
위기는 주로 아이가 어릴 때 생긴다. 아이가 어릴 때는 병치레도 잦고,
장기간 치료를 받아야 하는 경우도 있다. 아이가 큰 병치레 없이 건강
하게 자라주는 건 워킹맘들에게 가장 큰 힘이다.

지인 중에 아이가 희소병을 앓고 있는 후배가 있다. 생명과는 관계
없지만, 그래도 병을 고칠 방법이 마땅치 않아 발만 동동 구르고 있었
는데, 마침 남편이 해외연수를 가게 된 지역 부근에 이 분야 치료병원
이 있었다. 치료비가 많이 들기는 하지만, 현재 후배는 육아휴직을 하
고 아이와 같이 미국에 머물고 있다.

병원이 가까우면 집에서 다니기가 편할 텐데, 차로 5시간 거리다
보니 하루에 왔다 갔다 하는 건 무리다. 결국, 후배는 둘째를 돌보고,
남편은 아이를 데리고 차로 이동해 병원 근처에서 하루를 지낸 후, 그
다음 날 병원에서 진찰을 받고 온다고 했다. 남편의 해외연수가 1년간

이라 후배 역시 그 후에는 한국으로 돌아와야 하는데, 과연 1년 만에 아이의 증세가 뚜렷하게 호전이 될지, 또 한국에 돌아온 다음에는 미국에 왔다 갔다 하면서 치료받기가 쉽지 않을 텐데 어떻게 해야 할지 스마트폰 메신저로 주고받는 후배의 글에는 여전히 근심이 많다. 그러나 처음에는 뾰족한 치료방법이 없다는 말에 실망감도 너무 크고 막막했는데, 그래도 희미한 희망을 품게 되어 전보다 훨씬 낫고 견딜만하다고 했다. 후배 역시 '위기를 잘 넘기기를' 진심으로 응원한다!

간혹 상황에 따라서는 지방으로 순환근무를 반드시 해야 하는 회사가 있는데, 이것 역시 워킹맘들에게는 위기의 순간이 된다. 더 큰 위기는 아예 회사가 지방으로 옮기는 경우다. 아는 분 중에 부부가 모두 공기업에 근무하다 보니 남편은 전라도 쪽으로, 부인은 경상도 쪽으로 내려간 경우가 있다.

아이는 초등학교 고학년이다 보니 일단 서울 집에 있으면서 친정에서도 아이를 봐주고 있는데, 한 가족이 세 군데에 뿔뿔이 흩어지게 되다 보니 이 분(아이의 엄마)은 심각하게 이직을 생각하고 있었다. 그 자리까지 오기가 쉽지는 않았지만, 육아 또한 중요하기 때문에 그 입장이 충분히 공감이 갔다.

이렇듯, 워킹맘으로서의 위기는 누구나 비켜 갈 수 없는 관문이다. 그러니, 만약 당신이 지금 '일이고 뭐고 다 때려치우고 싶다'는 생각이 든다면 주위를 둘러보기 바란다. 지금은 무척 편안해 보이는 직장 선배 역시 이런 위기의 순간을 겪었다는 것을.

버티는 것이
정답이다

02

워킹맘이라면 최소한 한 번씩은 맞게 되는 위기, 그 해결책은 무엇일까? 내가 만나 본 워킹맘들이 백이면 백 모두 하나같이 말하는 해결책은 이것이다.

'버텨라, 무조건 버텨라!'

얼마 전 사무실 직원들과 회식을 하는 자리에서 아이 키우는 이야기가 나왔다. 언제가 가장 힘들었냐는 질문에 초등학생 딸을 둔 수지 씨는 이렇게 말했다.

"아이가 어릴 때 시골에 계시는 시어머니가 아이를 봐주셨어요. 시어머니가 봐주시니까 마음은 놓이지만, 아무래도 연세가 있으셔서 옷 입는 거나 말투나 아쉬운 점이 많았죠. 한번은 아이를 보러 갔는데, 철 지난 옷에 머리도 부스스한 모습이 너무 엉망인 거예요. 그런데 시어머니가 봐주시는데 싫은 소리를 할 수는 없잖아요. 아이를 보고 얼마나 마음이 아프던지……."

수지 씨는 몇 년 지난 일을 이야기하면서도 그때 생각에 목소리가 떨리더니 이내 눈물을 흘렸다.

"아이를 보고 올라올 때마다 정말 일을 그만두고 싶은 마음이 굴뚝같았어요. 지내 놓고 보면, 옆에서 말려 주던 동료들 덕분에 버틴 것 같아요. 힘든 걸 혼자 '끙끙~' 앓았으면 아마 버티지 못하고 그만뒀을 거예요. 힘들 때일수록 주위에 말려주는 사람이 꼭 있어야 해요."

지금은 아이를 데려와 곁에서 키우지만, 그렇다고 모든 문제가 해결된 건 아니다. 그래도 아주 힘든 시기는 지났다는 안도감이 느껴졌다. 수지 씨는 위기를 넘기기 위해서는 '말려주는 사람'이 꼭 있어야 한다고 단언했다. 힘들어서 주저앉고 싶을 때, 그만두고 싶을 때, '그러면 안 돼, 조금만 참아, 할 수 있어'라고 말려주고 격려해 주는 동료들이 있었기에 지금까지 올 수 있었다는 것이다. 자신의 어려움을 혼자서만 떠안으려 하지 않고 주위에 알린 수지 씨의 지혜와, 주위 동료들의 따뜻한 배려가 있었기에 수지 씨는 위기를 넘길 수 있었다.

주위에 30년 이상 직장 생활을 하신 분들이 꽤 많이 있다. 일하는 여성이 별로 없던 시절에 여성에 대한 편견을 이겨내고, 그 분야에서 어느 정도 자리까지 올라가신 분들이기에 배울 점이 많으신 분들이다. 그중에는 기업 임원이신 분도 있고, 전문 직종에 계신 분들도 있고, 자기 사업을 하시는 분들도 있다. 또, 방송계와 언론계에 계신 분들도 있다. 지금보다 훨씬 어려운 환경에서 일과 육아를 양립해 온 선배들의 조언 역시 '버티라'는 것이었다.

그 시절 여성에 대한 편견에, 또 워킹맘이 별로 없던 시절 엄마 노릇을 제대로 못 해준다는 생각에 어려움이 훨씬 많았을 텐데, 인생을 앞서 간 선배들의 '버티라'는 말은 산 경험에서 나온 말이기에 마음에 더욱 와 닿는다.

"어느 자리까지 올라가야겠다고 생각하고 직장 생활을 한 건 아니었어. 정신없이 일하고, 애 키우고 하다 보니 시간이 금방 지나가 버리더라고. 누구나 어려운 시기는 있기 마련이야. 애 키우는 것도 마찬가지고. 한번은 출장을 가야 하는데 아이가 아파서 입원까지 하게 된 거야. 아마 지금 같았으면 회사에 사정을 이야기하고 다른 사람으로 교체하든지 출장을 미루든지 했을 텐데, 그때는 여자라 그런지 더 그런 말을 못하겠더라고. 정말 미치겠더라. 내가 뭐 하는 건가 싶기도 하고. 다행히 가족들이 도와줘서 출장길에 오를 수 있었어. 그때만 생각하면 아직도 아찔해."

기업 임원인 세현 언니의 말은 "누구나 어려움은 겪기 마련이니까 쉽게 꺾이지 말고 버티라"는 것이었다. 그리고 혼자만의 힘으로 버티기보다는 가족의 도움이든 주위 동료들의 격려든 누군가가 옆에 있어 주는 것이 훨씬 힘이 된다.

때로는 육아휴직을 활용하는 것도 한 방법이다. 아이가 어릴 때 힘겹게 버티더라도 초등학교 입학할 때가 되면 다시 '직장을 그만두어야 하나’ 하는 고민을 하는 워킹맘들도 있다. 워킹맘들 사이에서 ‘2차 위기’로 불리는 시기로 이 무렵 직장을 그만두는 여성들도 있다. 아이가 어릴 때는 어린이집처럼 종일 맡길 곳이 있지만, 학교에 입학하면 오히려 방과 후 봐줄 곳이 마땅하지 않기 때문이다.

또, 아이가 어릴 때 돌봐줄 사람이 마땅하지 않을 때, 출산휴가를 마치자마자 아직 나이가 어린 아이를 어린이집에 맡겨야 하는 상황이 너무 힘들 때 등등, 출산 직후와 초등학교 입학 시기가 워킹맘들에게는 가장 큰 위기이다. 직장, 어린이집, 방과 후 아이돌봄교실은 물론 탄력근무제나 재택근무제가 앞으로 더 널리 시행되어야 하겠지만, 그렇지 못한 현실에서 육아휴직을 활용하는 것도 급한 위기를 넘기는 데 유용한 하나의 방법이 될 수 있다.

‘버티는 것’과 관련해서 후배들에게 해 주는 말이 있다. ‘굵을수록 빨리 부러지기 쉽다’는 것이다. 일과 육아 사이에서 자신을 지나치게 혹사하면서 지내다 보면 체력이 떨어지는 바람에 결국, 회사생활을 일찍 접어야 하는 경우가 있다. 한 번 건강을 잃으면 회복하는 데 많은 시간과 노력이 들어간다. 건강을 잃지 않도록 일과 육아 사이에서 자신의 체력을 관리하는 지혜가 필요한 것이다.

일도 그렇고, 육아도 그렇고 100미터 달리기가 아니라 42.195킬로미터 마라톤이다. 마라톤 경기를 보다 보면, 처음부터 너무 일찍 스피드를 내는 바람에 초반에는 선두권을 달리다가 중반 이후 체력 저하로 점점 처지는 선수들을 종종 볼 수 있다. 장거리 경기일수록 페이스 조절이 중요한 것이다. 마찬가지로, 워킹맘으로서의 생활 역시 페이스 조절이 중요하다. 그렇지 않으면 일도 육아도 제대로 하기 어렵다.

지인 중에 건강 문제로 몇 년을 쉰 후배가 있다. '일도 열심, 육아도 열심'이던 그녀는 건강에 적신호를 느끼고도 '괜찮겠지' 하는 생각으로 몇 달을 그대로 지냈다. 워낙 일을 잘하다 보니 그녀에게 폭탄처럼 쏟아지는 업무량도 원인이었다. 몸이 좋지 않았지만, 회사에 그런 사정을 제대로 이야기하지 못한 채 남다른 책임감으로 묵묵히 일하던 그녀는 결국 몸이 고장이 나 버렸다.

결국, 몇 주 간 병가를 내고 쉬었지만 바닥으로 떨어진 체력은 쉽게 회복되지 않았다. 다행히 몇 년 후 다시 직장에 복귀하기는 했지만, 그녀는 몇 년간 일을 떠나야 했다. 만약 그녀가 몸의 적신호를 느꼈을 때, 아니면 체력이 바닥으로 곤두박질치기 직전이라도 주위에 이런 사정을 이야기하고 도움을 청했으면 어땠을까.

당신이 힘들 때 혼자 감당하려 하지 말고 주위에 당신의 어려움을 알려라. 힘들어하는 당신을 도와주려는 사람들은 당신의 생각보다 많이 있다. 또한, 육아휴직이나 재택근무제 등 활용할 수 있는 제도는 모두 활용하라. 그리고 어려운 시기를 버텨라. 버티다 보면 터널 끝이 보이고, 마침내 위기를 넘길 수 있다.

남편의 역할, 육아와 가사분담은 필수다

03

일과 육아를 병행하는 워킹맘에게 남편의 육아와 가사 분담은 매우 중요하다. 육아는 엄마 혼자만의 책임이 아니다. 이건 엄마가 일하느냐 아니냐의 문제가 아닌 모든 가정에서 아빠 역시 자녀에 대해 책임감을 느끼고 공동육아자로 자신의 역할을 다 하려는 노력이 필요하다.

집안일 역시 마찬가지다. 부부가 함께 일한다는 점에서 맞벌이 가정에서는 이러한 육아와 가사 분담의 필요성 인식과 역할 분담이 더욱 필요하다. 과중한 육아와 가사 부담은 워킹맘을 경단녀로 내모는 원인이기도 하다. 결국, 워킹맘에게 있어 남편의 육아와 가사 분담은 선택이 아닌 필수사항이다.

맞벌이로 같이 일하는 입장에서 남편은 소파에 편하게 앉아서 책을 읽고 있고, 나는 설거지를 할 때 어느 날 문득 불공평하다는 생각이 든다. 또 일하느라 바쁜데 아이의 학원상담을 가야 하는 순간 '남자들은 편하겠다'는 생각도 든다. 어떨 때는 남편은 일에 집중하는데, 나만 일과 육아 사이에서 발을 동동 구르는 느낌이 들기도 한다. 맞벌이 가정에서 육아와 가사 분담의 불평등은 영원히 풀기 어려운 숙제일까.

여성가족부와 통계청의 '2015 통계로 보는 여성의 삶'을 보면 맞벌이 가정에서 여성의 가사노동 시간은 하루 평균 3시간 13분이었다. 맞벌이의 경우 평일에 못했던 집안일을 주말에 몰아서 해야 하기 때문에 토요일과 일요일의 가사노동 시간은 평일보다 각각 46분, 52분 많았다. 하지만 맞벌이 남성이 가사노동에 쓰는 시간은 41분에 불과했다. 같이 일을 하는데도 가사부담은 여성이 남성보다 5배 가까이 더 많은 것이다. 가사분담 만족도 역시 '만족하지 못한다'고 응답한 여성이 23.4%로 남성(8.2%)보다 3배가량 많았다.

육아 역시 마찬가지다. 0~12세 자녀를 둔 남성 500명을 대상으로 한 설문 조사 결과, 조사 대상의 98.4%가 '아빠의 육아 참여가 필요하다'고 답했다. 하지만 응답자 중 41%는 육아를 대체로 부인에게 맡긴다고 답했고, 7%는 전적으로 부인에게 일임한다고 했다. 생각만 있을 뿐 여전히 많은 가정에서 육아 분담이 제대로 이루어지지 않고 있는 것이다.

일하는 여성의 경우, 일을 하면서 육아와 가사까지 모두 혼자 할 수는 없다. 따라서 맞벌이 가정에서는 남편 역시 공동육아자라는 사실을 인식하고 자신의 역할을 다 하려는 노력이 더욱 필요하다. 같이 일하는 입장에서 육아는 부인이 주 책임자이고, 자신은 보조적 역할만 하면 된다거나 육아는 나 몰라라 하는 건 절대 바람직하지 않다.

그러나 아무리 동등하게 하려 해도 여러 가지 여건상 육아나 가사 부담이 50대 50으로 같을 수는 없는 것이 현실이다. 아이가 어릴 때 기저귀를 갈아 준다거나 우유를 먹인다거나 하는 단순 역할은 부부가 반반씩 나눠 할 수 있다. 그러나 아이가 점점 커 가면서 아이들 사이에서의 사회관계가 형성되기 시작하면 역할 분담의 동등성은 깨질 수밖에 없다. 아이들 간 네트워킹의 시작점은 엄마들 간의 네트워킹이다 보니 엄마가 나설 수밖에 없기 때문이다. 주말에 남편은 집에 있는 동안, 엄마들은 편히 쉴 틈도 없이 아이를 데리고 아이 친구들 모임에 참석하곤 하는 것이 워킹맘들의 현실이다.

육아 정보나 교육 정보 역시 엄마가 주도적으로 할 수밖에 없다. 주로 엄마들과의 네트워킹을 통해 이런 정보를 얻게 되기 때문이다. 학교 공개수업이나 학기 초 열리는 학부모 총회에 가 보면 맞벌이 부부라도 엄마들이 참석하는 경우가 훨씬 많다. 오죽하면 아이가 명문대를 가기 위한 조건으로 흔히들 '엄마의 정보력, 아빠의 무관심'을 꼽을까. 이걸 봐도, 아이가 학교에 들어간 다음에는 엄마와 아빠의 역할이 동등하기 어렵다. 아무리 교육열이 높은 아빠라도 엄마의 역할을 대체할 수는 없다는 것이 내가 스스로 겪고, 또 주위를 봐온 경험이다.

이처럼 밖에서 친구 엄마들과 교류하고 정보를 수집하는 것과 같은 대외 관계에서는 엄마의 역할이 더 클 수밖에 없다. 그러나 가정에서 아이를 돌보고 가르치는 것 같은 대내 관계에서는 아빠의 적극적인 참여와 역할 분담이 충분히 가능하다. 예를 들어 아이들에게 책을 읽어 준다거나 숙제를 봐주는 것은 아빠도 충분히 할 수 있다. 결국, 육아 분담은 집 안에서 어떻게 육아를 분담하느냐의 문제로 귀착되고, 이것은 부부의 공동노력으로 어느 한 쪽으로 치우치지 않게 역할 분담을 할 수 있다.

우리 집의 경우, 엄마들과의 교류나 학교·학원 상담, 교육 정보 등은 내가 주도적으로 하지만 아이들의 숙제를 챙긴다거나 공부를 도와주는 건 남편이 더 많이 하는 편이다. 남편이 독서량도 워낙 많고 아는 것이 많아서 아이들 읽을 책을 사거나 아이들 질문에 답해주는 건 주로 남편 몫이다. 내가 집에 있을 때 아이들 식사는 주로 내가 챙겨 주지만, 외출할 때는 남편이 잘 챙겨 주고, 요리도 가끔 해 준다.

후배 중에 이런 역할 분담을 무척 지혜롭게 하는 후배가 있다. 큰애가 초등학교에 입학하고 나서 학교 숙제를 요일별로 나눠서 봐준다고 한다. 부부 법조인으로 아이 둘을 둔 후배는, 월요일부터 금요일까지 중 서로 야근과 약속이 겹치지 않게 스케줄을 조정해서, 자신이 야근하거나 회식이 있는 날에는 남편이 먼저 퇴근해서 아이들을 돌봐 준다고 했다. 그러다 보니 야근하는 날에도 마음 편하게 일할 수 있고, 남편 역시 자신이 야근하거나 약속 있는 날 마음 편하게 볼일을 본다는 것이다. 또, 아이의 숙제 역시 나눠서 봐 주는데, '맡길 때는 주저 말고 맡겨야 한다'는 게 후배의 지론이다.

"언니, 처음에 남편이 아이 숙제 봐줄 때 어설픈 게 정말 맘에 안 드는 거예요. 그런데 잘 못한다고 안 맡기고 제가 다 하다 보면 그것도 부담이잖아요. 잘하든 못하든 남편과 아이가 알아서 하게 놔뒀어요. 그랬더니 처음에는 영 시원찮던 게 점점 좋아지더라고요. 맡기려면 죽이 되건 밥이 되건 신경 쓰지 말고 기다릴 필요가 있는 것 같아요."

나 역시 남편이 하는 게 영 못 미더워서 스스로 떠안은 것들이 있었는데 후배의 말을 듣고 보니 '참 지혜롭다'는 생각이 들었다. 또 결혼해서도 일을 계속하려는 여성이라면 내가 일하는 것을 이해해 주고 인정해 줄 뿐만 아니라 육아에서도 공동책임을 지는 것을 인식하고 스스로 자신의 역할을 다 하려는 사람을 배우자로 맞는 것이 매우 현명하다는 생각이 들었다.

육아와 가사에 있어 역할 분담은 경우에 따라서는 저절로 이루어지는 것이 아니다. 남편이 역할 분담을 부정적 또는 소극적으로 받아들이는 경우, 부부간의 대화를 통해서나 또는 목소리를 높여서라도 남편으로 하여금 그 필요성을 인식하고 실천하게 하려는 여성의 지혜와 노력이 필요하다. 역할 분담에 있어서 많은 가정의 문제점은 동등하지 않다는 데 있는 것이 아니다. 불공평해도 너무 불공평한 현실이 문제인 것이다. 지금과 같은 1대 5의 심한 가사 분담 불평등은 시정돼야 한다. 육아에 있어서도 마찬가지다. 동등하지는 않더라도 한쪽에 너무 치우치지 않게 육아와 가사 분담이 이루어져야 한다.

과중한 육아와 가사 부담은 워킹맘에게 큰 짐이다. 이로 인해 체력
이 저하될 수도 있고, 일에 대한 집중이나 발전의 기회를 놓쳐 손해를
볼 수도 있다. 또, 이런 과중한 육아와 가사 부담은 일과 육아의 병행
을 힘들게 하고, 결국 직장을 그만두는 원인이 되기도 한다. 따라서 맞
벌이 부부 가정에서 남편의 육아와 가사 분담은 선택이 아닌 필수사항
이라는 점을 반드시 명심하자.

가족의 배려는
반드시 필요하다
04

워킹맘에게 가족의 배려는 필수적이다. 아이를 키우는 데 주위의 도움이 절실한 워킹맘, 그중에서 특히 가족의 도움은 직장 생활을 계속하느냐 마느냐, 또 마음 놓고 직장에서 일을 하느냐 마느냐에 큰 영향을 미친다. 또한, 누구나 한 번씩은 맞게 되는 위기의 순간을 넘기고 버티게 해 주는 버팀목이기도 하다.

'육아 진행형'인 내가 그나마 지금까지 일과 육아를 그럭저럭 병행할 수 있었던 건 결코 나 혼자만의 힘이 아니었다. 나를 뒷받침해준 가족들의 노고와 배려가 없었다면 오늘에 이르지 못했을 것이다. 나뿐만 아니라 다른 워킹맘들 역시 마찬가지다. 일을 계속해야 하나 말아야 하나, 또는 중간에 주저앉고 싶은 순간을 맞았을 때 그 위기의 순간을 넘기고 버틸 수 있었던 건 무조건 나를 격려해 주고 도와주는 가족들이 있었기 때문이다. 이런 점에서 우선 가족의 배려는 무척 중요하고, 감사하다.

특히, 아이가 어릴 때 주위의 도움은 절대적이다. 기혼 여성이나 워킹맘에 대한 제도적인 뒷받침이 부족한 현실에서 먼저 제도의 개선도 이루어져야 하지만, 당장 닥친 위기를 넘기기 위해서는 결국 주위의 도움과 배려가 절실할 수밖에 없다.

나 역시 첫 아이를 임신하고 나서 친정 근처로 이사를 갔다. 그리고 10년 동안 친정 근처에서 살면서 두 아이를 키우는 데 많은 도움을 받았다. 우선 근처에 부모님이 계시다는 것만으로도 정신적으로 큰 위안이 되었다. 아이가 돌봐주시는 아주머니와 단둘만 지내는 것보다 외할머니댁에도 왔다 갔다 할 수 있고, 혹시 무슨 일이 생겼을 때 바로 달려와 줄 가족이 있다는 사실이 무엇보다 안심이 되었다.

아이들이 어릴 때는 유독 병원에 갈 일이 많은데, 일 때문에 병원에 같이 갈 수 없는 날에는 친정엄마가 아주머니와 함께 아이를 데리고 병원에 가 주셔서 아픈 아이를 두고 출근하는 입장에서 그래도 신경이 덜 쓰였다. 야근할 때도 마찬가지였다. 여동생이 아이들을 데리고 산책도 가주고, 또 아이들이 친정에서 놀기도 하니까 덜 심심하겠다는 생각에 큰 걱정 없이 야근을 할 수 있었다.

하지만 내 입장에서야 안심되지만, 부모님의 입장에서는 자녀 된 도리로서 효도가 아니다. 오죽하면, '손자가 오면 반갑고, 가면 더 반갑다'는 말이 있을까. '황혼 육아(노부모가 손주를 맡아 돌봄)'가 새로운 풍속도로 자리 잡은 지 이미 몇 년 됐다. 맞벌이 부부가 늘어나면서 할머니와 할아버지가 손주를 돌보는 경우가 늘고 있는 것이다. 오죽하면 엄마, 아빠에 할머니, 할아버지를 합한 '할마', '할빠'라는 신조어가 생겼을까.

2012년 통계청 자료에 따르면, 맞벌이 부부 510만 가구 중 절반 정도가 조부모에게 아이를 맡기는 것으로 나타났다. 육아비에 대한 부담도 하나의 이유지만, 무엇보다 남의 손에 아이를 맡기는 것보다 부모님이 봐 주시는 것이 가장 믿고 안심이 되기 때문이다. 그래서 아이를 낳고 시댁이나 친정에 들어가 사는 경우도 꽤 있다. 시댁이나 친정 근처에 살면서, 아침에 시댁이나 친정에 아이를 맡기거나 시어머니나 친정어머니가 집으로 와서 아이를 봐 주시는 집도 상당수다.

이렇게 시댁이나 친정에서 아이를 봐주시면 엄마의 입장에서는 안심이 되고 직장에서 별걱정 없이 일에 집중할 수 있지만, 봐주시는 어른들 입장에서는 큰 고생이다. 아이를 돌보는 게 육체적으로 힘들다 보니 손주를 돌보다가 건강을 상하는 경우도 꽤 있다. 아이를 안고 업어 주다 보면 허리에 무리가 생길 수도 있고, 아이 보는 게 힘들어 골병이 드는 경우도 있다. 육체적 부담에 더해 어른들 입장에서는 손주를 보느라 외출도 잘하지 못하고 매이다 보니 이런 점에서 오는 불편함도 크다.

이처럼, 부모님에게는 손주 보는 것이 고생이지만, 이런 가족들의 육체적·시간적 희생과 배려가 워킹맘들에게는 직장 생활을 계속하는 데 큰 힘과 도움이 된다. 가족들의 배려는 위기를 넘기는 데도 절대적인 힘이 된다. 나 역시 큰 애 현진이를 낳고 아이를 둔채 미국 해외연수를 갔을 때, 또 광주지방법원으로 발령이 나서 혼자 내려갔을 때 곁에서 지켜 준 남편과 시부모님, 친정 부모님의 도움과 배려가 있었기에 힘든 시기를 넘길 수 있었다.

워킹맘에게 남편의 배려 역시 무척 중요하다. 부인이 일하는 것을 이해해 주고, 가정에서 육아와 가사를 분담하는 배려심이야말로 최고의 외조다. 남편의 외조와 관련해서 흥미 있는 것은, 부인을 대신해서 육아휴직을 하는 남성들이 점차 늘고 있다는 점이다.

2015년 1분기(1월~3월) 육아휴직을 한 남성은 879명으로 2014년 1분기 564명보다 55.9% 증가했다. 아내의 육아휴직 기간이 끝나자마자 18개월 된 아들을 돌보기 위해 육아휴직을 신청한 경우도 있고, 또 아내의 재취업을 돕기 위해 아내가 자격증을 따는 동안 2년간 육아휴직을 하면서 두 아들을 돌본 경우도 있었다.

이들이 육아휴직을 신청한 이유는 무엇보다도 아내의 경력 단절을 막기 위해서였다. 휴직 기간에 수입의 감소는 물론 인사상 불이익이 없는 것은 아니지만 유아휴직을 경험한 대부분의 남성들이 '육아휴직하기를 참 잘했다'고 말하는 것은 무척 고무적이다.

"원래 요리를 하나도 못 했는데 휴직하면서 애들을 먹이려고 요리를 배웠어요. 아이들이 내가 만든 음식을 즐겁게 먹는 것을 보면서 무척 흐뭇했던 기억, 아이를 업어 키우면서 하루하루 성장하는 과정을 지켜본 순간들, 아이들과 함께한 여러 가지 추억을 아마 저는 평생을 잊지 못할 겁니다."

"직접 아이를 키워보니 부모님이 나를 얼마나 힘들게 키우셨는지 알겠더라고요. 새삼 감사함을 느꼈어요. 아내의 노고에 대해서도 더 많이 이해하고 생각하게 되었고요."

"1년간 회사를 더 다닌다고 대단한 부귀영화가 돌아오는 건 아니에요. 오히려 아이가 어렸을 때 성장을 지켜보는 게 중요하다고 생각해서 주변에도 적극적으로 권하고 있어요."

워킹맘들이 육아휴직을 통해 새삼 자신을 키워 준 부모님의 노고에 감사하고, 또 아이와 시간을 함께하면서 하루하루 커가는 과정을 지켜보면서 많은 기쁨을 맛본 것처럼 남성들 역시 비슷한 경험을 한 걸 보면 부모 마음은 다 같은 것 같다. 그리고 그 부모의 역할을 나눠 한다면 훨씬 서로에게 힘이 되고, 아이들에게도 좋은 영향을 미칠 것이다.

직장에서 또래 맘을
사귀어라

05

사회에서 처음 만난 사이라도 또래끼리는 금방 친해진다. 마찬가지로 직장에서의 '또래 맘'은 일과 육아에서 공유할 부분이 많아 서로에게 큰 힘이 될 수 있다. 친구도 얻고, 육아 정보도 공유하고, 게다가 아이들끼리 친구도 될 수 있는 직장 내 또래 맘은 외로운 워킹맘에게 소중한 존재이다.

사회에서 처음 만난 사이라도 같은 또래는 신기하게 금방 친해진다. 비슷한 시기에 학창시절을 보내서인지 그때 그 시절을 이야기하다 보면 공통 화제도 많고, 이야깃거리도 푸짐하다. 대학교 다닐 때 유행했던 음악, 즐겨 다니던 나이트클럽, 좋아했던 연예인 등등을 이야기하다 보면 어느새 여러 번 만난 사이인 것처럼 친근해진다.

직장 내 또래 맘은 나이도 비슷하고 '엄마'라는 공통점이 있다 보니 쉽게 절친이 될 수 있다. 또, 정보가 부족하기 쉬운 워킹맘에게 직장 내 또래 맘은 무엇보다 육아정보, 교육정보를 공유할 수 있다는 점에서 소중한 존재이기도 하다. '백지장도 맞들면 낫다'는 말처럼 비슷한 고충을 가졌기에 힘들 때 서로에게 힘이 된다.

몇 년 전 서울중앙지방법원에 근무할 때 나의 아이디어로 여판사들끼리 멘토링(mentoring)팀을 꾸린 적이 있다. 당시 서울중앙지방법원의 여판사는 80명 정도였는데 그 중 멘토링팀 가입을 원한 여판사들은 60여 명으로 총 7개의 멘토링팀을 짰다. 한 팀을 8~9명으로 구성하고 부장판사부터 단독판사, 배석판사까지 다양하게 교류할 수 있게 팀을 짰는데, 팀마다 약간씩 다른 특징이 있었다.

1팀은 모든 구성원이 아이를 가진 워킹맘팀이었다. 경력 10년 이상의 단독판사부터 3~4년 차 배석판사까지 모두 아이를 둔 엄마 판사들이었는데, 팀장인 신한미 판사는 5남매의 엄마이기도 했다. 7팀은 이와 달리 팀장을 제외하고는 모든 팀원이 미혼, 또는 아이가 없는 팀이었다. 모임을 진행하다 보면 아이 이야기만 나누는 워킹맘들 사이에서 미혼 여성들이 지루한 표정을 짓는 것을 종종 봐 왔는데, 이런 경험을 팀 구성에 가미한 것이다.

7개 팀 중 가장 활발하게 뭉친 건 단연 워킹맘팀인 1팀이었다. 가끔 1팀 모임에 '옵서버(observer, 참관인)'로 참석했는데 모두들 어찌나 할 말이 많은지 시간이 금방 지나가곤 했다. 워킹맘 몇 명이 모이다 보면 육아정보가 풍부한 사람이 최소한 1명은 있게 마련이다. 1팀의 정보통은 팀장인 신 판사, 그리고 아이 둘을 둔 이은혜 판사였다.

신 판사는 중학생인 큰 아이부터 유치원생인 막내까지 5명의 아이를 키우다 보니 각각 나잇대별로 풍부한 교육정보와 육아정보를 가지고 있었다. 초등학생인 큰 아이와 유치원생인 둘째를 둔 이 판사 역시 여러 분야에 다양한 정보를 가지고 있어서 후배들에게 많은 도움을 주었다. 부팀장인 서정원 판사를 비롯해 김유진·강정연·백지예·윤동연·김나나 판사 역시 아이가 2~4살 정도로 비슷한 연령대이다 보니 공통 화제가 무척 많았다.

이처럼 아이를 키운다는 공통점이 있어서인지 그전에는 같은 법원 소속이었을 뿐 잘 모르는 사이였던 팀원들끼리 반년 만에 얼마나 친해졌는지 거의 '언니', '동생' 사이가 되어 있었다. 워킹맘들은 아무래도 아이의 친구 엄마들과 연락하기도, 만나기도 쉽지 않다 보니 궁금한 점이나 걱정거리가 있어도 어디에 묻거나 털어놓기가 쉽지 않다. 갈증을 느끼던 중 한줄기 물줄기를 발견한 것처럼, 봇물 터지듯 쏟아지는 1팀 팀원들의 수다를 보고 있자니 '같은 워킹맘이라는 사실만으로 얼마나 쉽게 친해지고 공감대를 느낄 수 있는지' 실감할 수 있었다.

또, 모일 때마다 고충도 털어놓고 필요한 정보나 궁금한 점을 해소함으로써 서로에게 무척 유익한 시간을 보내는 모습에 무척 흐뭇했다. 1팀 팀원들은 그사이 무척 친해져서 법원 인사이동으로 다른 법원으로 흩어진 요즘도 가끔 연락하고 모인다고 한다.

판사 수가 300명이 넘다 보니 동료의식을 느끼기도 어렵고 각박하기만 한 서울중앙지방법원에서 여성 판사들의 멘토링팀을 구상한 취지는 '판사들 간의 교류 및 멘토링을 통한 발전'이었다. 팀장과 부팀장을 비롯한 단독판사들은 멘토링을 통해 리더십을 발전시키고, 배석판사들은 멘티로서 선배 법관들의 멘토링을 통해 역량을 강화하자는 것이었는데 앞에서 열심히 끌어 주고, 뒤에서 열심히 따라 준 덕분에 처음의 취지를 어느 정도 이룰 수 있었다. 그리고 처음 기대했던 것보다 몇 곱절 끈끈한 사이가 된 워킹맘팀을 보면서 엄마로서의 공감대가 얼마나 사람들을 이른 시간에 가깝게 하는지 보고 느낄 수 있었다.

나 역시 육아나 교육에 필요한 정보나 고충은 주로 주위 법조인들을 통해 얻어 왔다. 워킹맘 중에도 정보통은 있기 마련이라 선배나 후배 또는 동기 중에 3~4명의 정보통을 통해 학원정보, 진로정보를 얻곤 한다. 또, 아이들이 비슷한 또래면 같이 만나 놀기도 하면서 자연스럽게 친구 사이가 될 수 있는 장점도 있다.

같은 워킹맘끼리는 같은 고충이 있어서인지 서로를 도우려는 마음들이 있는 것 같다. 자주 만나지 않는 어릴 적 친한 친구보다 자주 보는 직장 또래 맘이 지금 내게는 더 가까운 존재이다.

'멀리서 찾지 마라. 당신의 친구는 가장 가까운 곳에 있다.'

자신의 체력을
체크하라

06

워킹맘은 직장에서는 일하느라, 집에서는 아이 돌보느라 편히 쉴 시간이 절대적으로 부족하다. 그러다 보면 자신도 모르는 사이 체력이 점점 떨어져 어느 순간 회복이 불가능한 상태가 될 수 있다. 직장에서의 성공은 물론 육아도 결국 체력이 뒷받침돼야 가능한 법. 체력이 바닥나기 전에 틈틈이 자신의 체력을 체크하고 페이스 조절을 하는 지혜와 여유를 가지자.

출산 후에는 누구나 체력이 떨어지기 마련이다. 3개월의 출산휴가 기간에 어느 정도 체력을 회복하기는 하지만, 그렇다고 몸이 완전 정상으로 돌아오는 건 아니다. 나 역시 '내 몸이 어느 정도 정상으로 돌아왔구나' 하고 느낀 건 6개월 정도 지나서였고, 완전히 회복되었다고 느낀 건 출산 후 1년이 지나서였다. 출산하고 1달 반 만에 잠깐 외출을 했었는데 어찌나 피곤하던지 집에 오자마자 그대로 쓰러져 쉬었던 기억도 난다.

따라서 3개월 만에 직장에 복귀하더라도 몸이 완전히 회복된 상태가 아니므로 무리는 금물이다. 게다가 전과 달리 퇴근 후 아이 돌보느라 편히 쉴 시간이 부족하기 때문에 한번 피곤함을 느끼면 쉽게 풀기 어렵다. 이렇듯 엄마가 되는 건 심리적으로뿐만 아니라 육체적으로 큰 변화를 수반하기 때문에 평소 체력만을 믿고 방심했다가는 큰 고생을 할 수 있다.

나 역시 큰 애 현진이를 낳고 나서 평소 체력만을 믿고 무리했다가 큰 고생을 한 경험이 있다. 출산 시기와 해외연수 시기가 겹치다 보니 결국 출국 전 출산을 하고 아이는 한국에 둔 채 혼자 해외연수를 가게 되었다. 그때는 출산휴가가 2개월이던 시절이었는데, 출산휴가 기간 동안 해외연수 준비를 하다 보니 충분한 휴식을 취하지 못했다. 게다가 태어난 지 얼마 되지 않은 현진이를 두고 해외연수를 가다 보니 정신적으로도 무척 힘들었다.

같은 시기에 해외연수를 가게 된 동료들은 출국 전 몇 달 동안 영어 회화학원에 다니면서 연수 준비를 했는데, 나는 임신으로 그런 준비를 전혀 하지 못한 채 출국하게 되었다. 영어 회화도 제대로 못 하는 상태에서 미국에서 나 혼자 생활해야 하는 현실이 무섭게 다가왔다. '생존 영어'가 절실히 필요했기에, 미국에 도착하자마자 영어학원부터 등록했다. 방문 과정이다 보니 매일 대학에 나갈 필요는 없었던 터라 우선 영어학원에 집중했다.

학원은 오전 9시부터 오후 3시까지여서 하루가 금방 지나갔고, 덕분에 현진이를 한국에 두고 온 슬픔에서 벗어나 빨리 미국생활에 적응할 수 있었다. 집에서 학원까지는 지하철을 한 번 갈아타고 30분 정도 거리였는데, 학원교재가 몇 권 되다 보니 배낭에 넣고 다녀도 평소 허리가 좋지 않던 나로서는 어떤 날에는 허리가 꽤 뻐근함을 느꼈다.

미국에서 일하는 것도 아니고, 아이를 돌보는 것도 아니라 조금씩 허리가 뻐근해가는 걸 대수롭지 않게 생각하던 어느 날, 물건을 들고 일어나다가 허리를 심하게 삐고 말았다. 무거운 물건을 든 것도 아니었는데 너무 심하게 허리를 삐어 몸을 움직일 수 없을 정도였다. 평소 허리가 좋지 않다 보니 조금씩 허리를 삐어 고생한 적이 있지만, 그때처럼 심하게 고생한 적은 없었다. 허리를 조금도 숙일 수 없다 보니, 세수할 때도 상반신을 그대로 둔 채 무릎을 구부려 높이를 낮춘 다음 간신히 고양이 세수만 할 수 있었다.

참담한 심정으로 침대에 누워 생각해 보니 '내가 아플 만도 하다'는 생각이 그제야 들었다. 미국에 온 것이 출산 2개월 후였고, 오자마자 시차적응도 제대로 하기 전에 무거운 가방을 메고 학원을 왔다 갔다 하면서 하루 6시간씩 앉아 수업을 듣는 생활이 허리에 당연히 무리를 줄 수밖에 없었다. 게다가 평소 허리가 튼튼했던 것도 아니고, 허리 때문에 잦은 고생을 해 왔던 나로서는, 출산 후 몸 상태가 전과 같지 않다는 걸 염두에 두었어야 했다.

그때가 미국에 오고 2개월 조금 지났을 때였다. 허리에 조금씩 통증을 느끼면서도 연말이 다가오다 보니 학원 마치고 한국에 보낼 아이

옷과 장난감들을 사러 다니느라 부지런을 떤 것도 한 원인이었다.

결국, 출산 후 몸을 채 회복하기도 전에 무리하다 보니 건강을 상하게 되었다. 미국에서 다치게 된 것도 문제였다. 한국에서 이런 일이 있었다면 가족들의 도움을 받을 수 있었을 텐데, 아무도 없는 먼 이국에서 이런 일을 겪게 되니 눈앞이 캄캄했다. '이렇게 누워 지내느니 연수를 중단하고 한국으로 돌아가야 하나' 하는 생각도 들었다. 또 병원 정보도 없다 보니 어디에서 치료를 받아야 하는지도 막막했다. 이틀 정도 꼼짝도 못하고 누워 지내다가 다행히 주위 아는 분의 소개로 카이로프랙틱(chiropractic) 치료를 받게 되었다.

처음에는 일어나기도, 앉기도 힘들었지만 계속 치료를 받으면서 조금씩 상태가 좋아졌다. 2개월 동안 일주일에 3~4회씩 집중적으로 치료를 받았는데, 그 기간에 다른 활동을 거의 못했지만, 그래도 매일매일 통증이 조금씩 줄어들고 일상생활로 돌아갈 수 있다는 사실이 기쁘기만 했다. 상태가 호전되고 나서도 한국에 돌아갈 때까지 일주일에 한 번씩 꾸준히 치료를 받다 보니 오히려 전보다 허리가 건강해진 기분이었다.

'소 잃고 외양간 고친다'고, 그때 너무 고생하다 보니 몇 년 후 둘째 현민이를 낳고 나서는 예방 차원에서 출산휴가 동안 미리 허리치료를 받았다. 만약 미국에서와 같은 일이 한국에서 일어났다면, 그때 몸 상태로는 아마 병가를 냈어야 했을 것이다. 오히려 해외연수 중이다 보니 업무 부담 없이 충분히 치료를 받을 수 있었던 건 불행 중 다행이었다. 이처럼 출산 후에는 몸이 완전히 회복되기 전까지 몸 상태를 체크하면서 일과 육아를 병행하는 지혜가 필요하다. 빨리 임신 전 체중으로 돌아가겠다는 욕심으로 무리한 다이어트를 한다거나 강도 높은 운동을 하는 것도 삼가야 한다. 후배 중에는, 체력을 보강한다고 출산 후 얼마 되지 않아 헬스클럽에 다니다가 오히려 온몸이 시큰거려 고생한 후배도 있다.

이러한 건강 관리는 출산 후뿐만 아니라 직장 생활 내내 필요하다. 주위를 둘러보면, 자신을 돌보지 않고 무리하다가 건강을 상한 경우를 심심치 않게 볼 수 있다. 일 욕심이 많은 워커홀릭(workaholic) 윤진 씨역시 그런 경우다. 그녀는 신종 인플루엔자로 전국이 떠들썩하던 2009년 감기 기운으로 병원에 갔다가 신종 인플루엔자 양성 반응을 보이자 타미플루(Tamiflu, 조류 인플루엔자 치료제)를 처방받고 다시 사무실로 돌아와 일을 했다고 한다.

"타미플루를 먹으니까 금방 증상이 나아지더라고요. 그래서 회사 아무한테도 양성 반응 나왔다는 이야기를 하지 않고 그냥 일했어요."

회사에 이야기했으면 다른 사람들에 대한 감염 위험 때문에 며칠 쉬라고 했을 텐데도 업무량이 많다 보니 아무에게도 알리지 않고 일했다는 그녀. 결국, 그녀는 피로가 쌓이고 쌓인 끝에 건강을 회복할 때까지 몇 년간 일을 줄인 채 많은 시간과 노력을 들여야 했다.

건강을 잃으면 모든 것을 잃는 것이다. 일도, 육아도 체력이 뒷받침돼야 가능하다. 아이를 낳고 나서는 내 몸이 완전치 않다는 사실을 명심하자. 출산휴가 후 직장에 복귀하자마자 몸도 완전하지 않은 상태에서 일과 육아를 모두 완벽하게 해 내려 애쓰다 보면 어느새 체력이 바닥날 수 있다. 출산 후 몸이 완전히 회복되기 전까지는 체력을 체크하면서 페이스 조절을 해야 한다. 경우에 따라서는 건강을 위해 시간과 돈을 아끼지 말아야 한다.

이런 체력 체크와 페이스 조절은 직장 생활 내내 필요하다. 한번 건강을 잃으면 회복하는 데 몇 곱절의 노력과 시간이 든다. 또, 아이의 엄마이기에 당신의 건강은 아이를 위해서도 반드시 필요하다! '소 잃고 외양간 고치기 전'에 미리 대비하는 지혜와 여유를 가지자.

현실을 인정하고
받아들여라

07

워킹맘들은 '내가 일하느라 뒷바라지를 제대로 못 해 줘서 아이가 뒤처지는 건 아닐까' 하는 걱정을 하기 마련이다. 일을 하다 보니 아이 곁에 있어 줄 시간이 부족한 건 어쩔 수 없는 현실이다. 또, 엄마들과의 네트워킹 부족과 정보력 부족도 따를 수밖에 없다. 그러나 이런 사실을 너무 속상해하거나 걱정한다고 해서 상황이 달라지는 건 아니다.

바꿀 수 없다면, 현실을 인정하고 받아들이는 지혜가 필요하다. 무엇보다, 엄마가 워킹맘이라서 아이가 뒤처진다거나 잘못되는 건 아니라는 점을 명심하자.

일하면서 아이를 키우다 보면 속상한 적이 많다. 우는 아이를 떼어 두고 출근할 때, 엄마의 부재로 아이가 유치원 친구들과 자주 어울리지 못하고 친구 생일잔치에 초대받지 못할 때, 업무 때문에 아이 학교

행사나 입학식·졸업식에 가지 못할 때, 엄마들 모임에 가서 외톨이라는 느낌을 받았을 때 등등 속상한 순간은 헤아릴 수 없이 많다. 알림장을 미처 챙기지 못해 아이가 준비물을 제대로 가져가지 못할 때, 시험 직전에서야 부랴부랴 참고서를 사러 갔다가 재고가 없어 사지 못했을 때 등등 자신을 자책하는 순간도 많다.

나 역시 아이가 어릴 때는 엄마의 부재로 아이가 친구들과 자주 어울리지 못하고, 친구들을 많이 사귀지 못하는 것이 가장 속상했다. 몇 년 전 육아휴직을 한 것도 당시 유치원에 다니던 큰 애 현진이가 친구들과 많이 어울릴 수 있도록 엄마 역할을 충분히 해주고 싶다는 생각에서였다. 현진이는 초등학교 때는 같은 학교 친구들과 토요일 운동팀을 하게 되었는데, 아이도 그렇고 나 역시 운동팀을 통해 많은 도움을 받았다. 일주일에 한 번씩 운동을 데리고 다니면서 엄마들과 만나다 보니 학교 소식도 자연스럽게 듣게 되고, 엄마들과도 친해졌다. 현진이 역시 운동 친구들과 친해지고, 운동 마친 다음 식사도 하고 놀러도 다니면서 친구들과 자주 어울릴 수 있었다.

그런데 둘째 현민이는 1학년 1학기 초에 반 축구팀이 만들어졌는데 운동시간이 금요일 저녁이다 보니 내가 매번 같이 못 가고, 또 운동 후 그대로 헤어지는 경우가 많다 보니 운동팀을 통한 친구들이나 엄마들과의 교류가 많이 이루어지지 못했다. 게다가 2학기에 축구팀마저 흐지부지되어 자연스럽게 엄마들을 만날 기회도 없어져 버렸다. 운동팀을 통해 정기적으로 엄마들을 만날 기회가 없다 보니 여러 가지로 답답한 점이 많았다.

서너 명으로 이루어지는 공부팀에 끼기 어려운 것도 워킹맘들의 애로사항이다. 보통 초등학교 3~4학년 무렵 생기는 공부팀은 아무래도 엄마들끼리의 친분이 작용하는 경우도 많고, 평일 낮에 차로 다녀야하는 경우에는 주로 엄마들끼리 라이드(ride)를 나눠 하는데, 낮 시간에 꼼짝할 수 없는 워킹맘은 역할 분담을 할 수 없어 아무래도 공부팀에 끼기 어렵다.

또, 초등학교 고학년을 상대로 하는 영어·수학학원은 거의 학원버스를 운영하지 않는데, 근무시간 중에 아이 라이드를 할 수 없다 보니 결국, 보내고 싶은 학원에 못 보내는 경우도 있다. 나 역시, 영어학원을 선택할 때 제1의 조건은 학원 버스가 오느냐였다. 아무리 좋은 학원이라도 '학원 버스가 없습니다' 라는 답을 듣는 순간 더 물어보고 말 것이 없었다. 그러다 보니 학원 선택의 폭이 줄어들 수밖에 없었다.

무엇보다, 아이가 점점 커갈수록 커지는 애로사항은 정보력 부족이다. 공부 관련 정보는 주로 엄마들과의 네트워킹을 통해 또는 직접 발로 뛰어 얻는 경우가 많다. 인터넷을 통해 얻는 경우도 있지만, 고급정보일수록 발로 뛰어 얻는 경우가 많다. 게다가 아이가 커갈수록 엄마들끼리 정보 공유도 점점 어려워진다. 때로는 주고받는 관계가 아니라 일방적으로 정보를 받기만 하는 관계가 불편할 때도 있다. 주위에 정보력이 풍부한 친구 엄마가 있는데, 내가 알려주는 정보는 없고 매번 묻기만 하다 보니 미안한 마음에 자주 연락하지 못한다. 그래도 워킹맘 중에도 정보통은 있기 마련이라 주위 친한 법조인들을 통해 학원정보나 진로정보를 얻곤 하는데 정보에 메마른 입장에서 큰 도움이 된다.

한번은 '나의 정보력 부재로 아이들이 공부에서 손해를 볼 수도 있겠다'는 생각이 심각하게 들었다.

이처럼 워킹맘으로서 아이 뒷바라지에 어쩔 수 없는 현실을 직면하는 순간은 매우 많다. 아마 거의 모든 워킹맘들이 '내가 일하는 것 때문에 아이가 뒤처지거나 외톨이가 되는 건 아닐까' 하는 걱정을 할 것이다. 그런데 생각해 보자. 일하느라 아이 곁에 있어줄 시간이 부족하다는 건 좋든 싫든 워킹맘으로서 받아들여야만 하는 사실이다.

아이의 친구 관계를 위해 평일 낮 시간에 아이 친구들 모임을 따라다닐 수는 없다. 아이 학원을 위해 근무시간 중에 직장에서 일하다 말고 아이를 학원에 데려다줄 수는 없다. 아이가 초등학교 저학년일 때 하교 마중을 나갈 수도, 하굣길에 엄마들과 자연스럽게 교류를 할 수도 없다. 평일 낮에 열리는 학원설명회에도 갈 수 없다. 어쩔 수 없는 현실을 속상해한다고 문제가 해결되는 건 아니다.

일과 육아를 병행하는 워킹맘으로서는 어쩔 수 없는 현실은 받아들이는 지혜가 필요하다. 정보력의 열세 역시 마찬가지다. 내가 일하는 동안, 일하듯이 다른 엄마들과의 네트워킹을 통하거나 발품을 팔아 정보를 얻는 전업주부들의 노력을 인정하고, 이런 엄마들과의 정보력 경쟁에서는 아무리 날고뛰어도 열세일 수밖에 없는 현실을 직시하고 받아들여야 한다.

그러나 현실은 받아들이되, 엄마가 워킹맘이라서 아이가 뒤처진다거나 외톨이가 되는 건 아니라는 점을 명심하자. 공부 잘하는 아이 중에 엄마가 워킹맘인 아이도 있고, 전업주부인 아이도 있다. 마찬가지로 성적이 떨어지는 아이 중에도 엄마가 워킹맘인 경우도 있고, 전업주부인 경우도 있다. 아이가 커 갈수록 친구 관계에 있어 엄마가 미치는 영향은 점점 줄어든다.

또, 아무리 엄마의 정보력이 중요하다 해도 이보다 더 중요한 건 공부하는 아이 자신의 노력이다. 아이 스스로 노력하려는 힘을 키워주고, 잘해야 한다는 부담을 주기보다는 격려를 하는 점에서 워킹맘들은 장점을 발휘할 수 있다. 획일적인 방향보다는 좀 더 독창적이고 아이의 개성을 살릴수 있는 방법을 찾아내는 데도 워킹맘들이 장점을 발휘할 수 있다.

선배 중에는 남들이 흔히 하는 방법에서 벗어나 독자적인 쪽으로 방향을 잡은 덕분에 딸이 미국 최고 명문대에 합격한 경우가 있다. 선배 딸은 몇 년 전 미국에서 1년 공부하는 동안 라틴어를 공부했는데 이 라틴어를 특화한 것이 합격에 큰 도움이 되었다고 한다. 남들이 가는 방향을 따라가는 것이 아니라 아이의 장점과 미국 대학의 성향을 파악한 엄마의 독창적인 아이디어가 빛을 발한 것이다.

내 주위의 워킹맘 중에도 아이들이 소위 'SKY' 명문대에 합격한 경우가 많은데 엄마의 정보력이 뛰어나서가 결코 아니다. 아이들 스스로 열심히 했고, 엄마는 뒤에서 많은 관심과 정성으로 아이를 격려하고, 때로는 아이의 적성을 파악해 적절한 방향을 제시한 덕분이었다.

아이를 위한 정성은 워킹맘이나 전업주부나 모두 마찬가지다. 아이 수능을 앞두고 100일간 매일 집에서 108배(拜)를 하면서 정성을 들인 후배가 있다. 이 후배가 다른 일로 허리를 삐어 며칠간 108배를 하지 못하게 되자, 남편이 대신 108배를 하면서까지 100일간 정성의 마음을 들었다. '엄마, 아빠가 나를 위해 정성을 기울이시고, 기도해 주시는구나'는 것이 아이에게는 그 무엇보다 큰 격려와 힘이 되었고, 이런 정성 덕분에 후배 딸은 좋은 결과를 얻었다.

아이는 부모의 정성으로 자란다. 아이에게 엄마의 정보력, 엄마들과의 네트워킹보다 훨씬 더 중요한 건 엄마의 정성이다. 퇴근하고 와서 아이를 힘껏 안아주고, 관심과 사랑을 기울여 주고, '엄마는 널 믿어'라고 속삭이면서 끊임없이 격려해 주자. 현실은 인정하되, '나 때문에 아이가 뒤처지는 건 아닐까' 하고 걱정할 필요가 없는 이유는 바로 여기에 있다.

오직 나만을 위한
시간을 가져라

08

워킹맘은 자신을 위한 시간을 내기 어렵다. 그러나 멀리 가려면 가끔 쉬어야 한다. 가끔 나만을 위한 시간을 가지자. 2~3달에 한 번씩 반차 휴가를 내는 건 어떨까? 반차 내기가 어려우면 잠시 근처 커피전문점에서 카라멜마끼야또를 마시는 것도 좋다. 자신을 위한 시간을 통해 마음의 여유가 생기면 짜증도 덜 나고, 아이에게도 더 밝게 웃어줄 수 있다. 육아는 장기전이다. 장기전에서 빨리 지치지 않으려면 더더욱 나만의 시간이 필요하다.

아이들이 어렸을 때 작은 행복감을 느끼는 순간이 있었는데, 그건 바로 평소 늦게 자는 아이들이 어느 날 일찍 잠들었을 때다. 밤의 고요 속에서 나만의 시간을 즐기는 게 그렇게 좋을 수 없었고, 밤의 고요를 즐기는 그 짧은 순간이 선물처럼 느껴졌다. 몇 년 전 수원지방법원에 근무할 당시, 야근을 하다 10시 넘어 퇴근할 때 즐겨 듣던 라디오 프로가 있었다. 50분 정도 운전하는 내내 그 프로를 들었는데, 좋아하는 노래를 들으며 운전하다 보면 자연스럽게 하루를 정리하게 되고, 복잡한 머리도 식히게 돼 하루의 피로가 가시는 듯했다. 라디오에서 '네버 엔딩 스토리'라도 나오는 날에는 어찌나 좋던지!

아무리 에너지가 넘치고 밝은 성격의 워킹맘이라도 항상 에너지가 넘치고 늘 웃기는 어렵다. 사람인 이상 어떤 날은 괜히 우울하기도 하고, 일과 육아 사이에서 아등바등하는 자신의 처지가 처량하게 느껴지는 순간도 있게 마련이다. 몸이 피곤하다 보면 짜증이 나기도 한다. 몸의 피곤함은 저녁, 즉 일을 마치고 집에 와서 아이를 돌볼 때 정점에 달하는데, 그러다 보면 잘못이 없는 아이에게 괜히 짜증을 냈다가 금방 후회하곤 한다.

몇 년 전 배우자 휴직을 하고 미국에서 생활할 때 일이다. 저녁에 아이들 식사 준비해서 챙겨 주고 설거지한 다음 마지막 일과가 아이들 씻기기였다. 아이 둘을 씻기고 나서 샤워를 하고 나면 피곤함이 급습해 왔다. 피곤하니까 나도 모르게 아이들에게 짜증을 내는 순간이 많아졌다.

육아는 장기전이다. 42.195킬로미터를 뛰어야 하는데, 마치 100미터 달리기하듯 계속 질주하다 보면 얼마 못 가 쓰러질 수밖에 없다. 완주를 위해서는 체력의 뒷받침도 필요하지만, 무엇보다 '완급 조절'이 필요하다. 워킹맘에게 최고의 완급 조절 방법은, 바로 자신만의 시간을 가지는 것이다. 자신만의 시간은 일과 육아 사이에서 지친 나 자신을 위한 선물이기도 하고, 이런 시간을 통해서 힘을 얻을 수 있으며 다시 달릴 수 있다.

몇 년 전, 사법연수원 교수를 할 때 일이다. 당시는 3월에 연수생들이 사법연수원에 입학하자마자 1, 2주 안에 반MT와 조MT를 가는 것이 전통이었다. MT에는 교수들도 동행하는데 당시 아이들이 어리다 보니 MT로 집을 비우는 게 처음에는 미안했다. 그런데 막상 MT를 가보니 '오길 잘했다'는 생각이 들었다. 교수는 독방을 쓰는데 저녁 식사와 오락 시간 후에는 방에서 혼자만의 시간을 보낼 수 있었던 것이다. 물론 MT를 통해 연수생들과 친해진 것도 소득이지만, 나만의 시간을 가지기 어려운 시기라 그런지 여행지에서 보내는 혼자만의 시간이 꿀맛 같았다. 또, 보상의 시간을 가졌다는 생각에 집에 돌아가 아이들을 보니 더 사랑스럽고 마음의 여유도 생기는 것을 느낄 수 있었다.

연수원 제자 중 자기만의 시간을 지혜롭게 활용하는 제자가 있다. 사내 변호사로 연차를 쓰는 것이 상대적으로 자유로운 제자는 한두 달에 한 번씩 오후 반가를 낸다고 했다. 이 시간은 오롯이 자신만을 위한 시간으로 영화 관람하기, 서점가기, 산책하기 등 하고 싶은 것들을 한다고 했다. 이 제자는 5살, 3살 아이 둘을 두고 있는데, 가끔 이런 시간을 가지고 나면 마음의 여유도 생기고 아이들에게도 더 잘 해주게 된다고 했다.

"교수님, 반차 휴가를 쓴 날에는 스트레스가 풀려서 그런지 집에 가서도 아이들에게 더 밝게 웃어줄 수 있어요. 짜증도 안 나고요."

가끔은 나만을 위한 시간을 가지자. 그리고 평소 하고 싶던 것들을 하나하나 해 보자. 꼭 반가나 연가를 내지 않더라도, 두세 달에 한 번씩 저녁 시간이나 주말을 이용해 나만의 시간을 가질 수도 있다. 예술을 좋아하는 워킹맘이라면 혼자 여유 있게 퇴근 후 음악회에 갈 수 있고, 평일 낮에 미술관에 갈 수도 있다. 주말보다는 한산한 평일 낮 미술관에서 여유 있게 전시회를 본 다음, 미술관 내 카페에서 자욱한 향기의 아메리카노 커피를 마시며 창밖 하늘을 바라보자.

날씨 좋은 날에는 고수부지를 걸으면서 따뜻한 햇볕을 쬐는 것도 좋다. 지친 몸을 풀기 위해 찜질방을 가거나 마사지를 받아도 좋다. 반나절 시간을 내기 어렵다면 잠시 근처 커피전문점에서 달콤한 카라멜 마끼야또를 마시는 건 어떨까. 비가 오는 날이면 더 운치가 있을 것이다. 아직 실천하지는 못했지만 내가 꼭 해 보고 싶은 건 주말에 집 근처 커피전문점에서 카푸치노를 마시면서 책을 읽는 것이다. 책 읽는 틈틈이 창밖 거리 풍경을 보면서 아무것도 생각하지 않는 그런 시간을 가지고 싶다.

오로지 나만을 위한 시간을 보내고 나면, 일과 육아에서 지친 심신도 어느새 풀리고, 힘을 낼 수 있다. 매일매일 전사처럼 살 수는 없다. 멀리 가려면 가끔 쉬어야 한다. 나만의 시간은 일과 육아 사이에서 수고한 나 자신에게 스스로 주는 최고의 선물이다.

아이가 성장할 때
엄마도 성장해야 한다

09

아이는 부모를 보면서 자란다. 아이를 책과 가깝게 하는 가장 좋은 방법은 어렸을 때부터 책을 읽는 부모의 모습을 보여주는 것인 것처럼, 엄마의 자기 계발은 아이에게도 좋은 영향을 미친다. 아이만 가르치면 된다고 생각하는 건 착각이다. 엄마가 성장해가는 모습을 보여주는 것도 아이에게 큰 가르침을 준다. 아무리 바쁜 워킹맘이라도 아이가 어느 정도 자란 다음에는 자신을 위해, 또 아이의 엄마로서 같이 성장하기 위해 자기 계발에 신경 써야 한다.

아이가 어릴 때는 화장을 지우지도 못하고 그대로 잠드는 날이 많을 만큼 집에서 자기 시간을 가지기는 정말 어렵다. 그런데 끝이 안 보일 것 같은 생활이 아이가 만 3세 정도 되고 기저귀를 뗄 때쯤이면 조금씩 빛이 보이기 시작한다. 집에서 아이에게만 온종일 24시간 매달리지 않아도 되는 것이다.

이 자투리 시간을 어떻게 보내느냐는 천차만별이다. 편히 누워 그동안 못 본 TV 드라마를 보는 사람, 밀린 잠을 자는 사람, 독서나 취미 활동을 즐기는 사람, 인터넷 게임을 하는 사람 등등 매우 다양하게 조각 시간을 보낸다.

나는 주로 TV 시청과 신문 읽기를 하는 편이다. 어렸을 때부터 TV 시청을 좋아해 심지어 공부할 때도 TV를 틀어 놓았던 애청자라 이 채널 저 채널 돌려가며 TV를 즐겨 본다. 또, 신문 애독자라 집에서 시간이 날 때마다 신문을 정독하기도 한다. 물론 가끔 책도 읽는다.

그런데 아이를 키우다 보면 이런 생각이 든다. 부모가 책을 가까이하면 아이도 자연스럽게 책을 가까이한다는 것. 우리 집에서는 남편이 독서광이다. 워낙 관심 분야도 다양해서 여러 분야의 책들을 다양하게 읽고, 집에서도 책을 즐겨 읽는다. 또, 책을 좋아하다 보니 아이들을 데리고 서점에 자주 가는 편이다. 어렸을 때부터 아빠가 집에서 책 읽는 모습을 봐 와서 그런지 아이들이 책을 가까이하는 편이다.

아이들이 초등학교 3~4학년 정도 될 때 논술학원에 보내는 경우가 많다. 논술학원에서 적절한 책도 추천받고, 독서습관도 길러주기 위해서이다. 그런데 주위에서 '우리 애가 책을 안 좋아해서 걱정'이라고 말하는 엄마들이 있는데, 가끔 그 집에 가보면 책이 거의 눈에 띄지 않는 경우를 본다. 부모가 책을 가까이하지 않는 것이다. 이런 집안 분위기가 알게 모르게 아이의 독서습관에도 영향을 주고, 아이가 논술학원에 다니더라도 책에 큰 흥미를 느끼기 어려울 수 있다. 신기하게 아이들 눈에도 엄마·아빠가 집에서 퍼져 있는 것보다 뭔가를 배우거나 공부하고 노력하는 모습이 좋아 보이는 모양이다.

나 역시 돌이켜 보면, 엄마·아빠가 뭔가를 공부하시거나 배우시는 모습이 가장 보기 좋았다. 엄마는 내가 중학교 때 교회에 다니시기 시작하면서 신앙공부에 매진하셨다. 일주일에 한 번씩 신학원에서 교리 수업을 들으셨는데, 시험 때 밤늦게까지 공부하다 뭘 좀 먹으러 부엌에 가보면 그 시간까지 식탁에 앉아 공부하시던 모습이 몇십 년이 지난 지금도 눈에 선하다.

학구적이셨던 엄마는 결혼하시고 우리를 낳고 키우시면서 공부하실 시간도, 기회도 없으셨는데 뒤늦게 기독교에 귀의하시면서 신앙공부를 하시는 것이 그렇게 재미있다고 하셨다. 엄마는 그 시절 종종 밤도 새우셨는데 그렇게 공부하시는 모습이 '열심히 공부해라' 라고 몇십 번, 몇백 번 말씀하시는 것보다 훨씬 더 가슴에 와 닿았다.

아빠 역시 60세가 넘으셨을 때 업무와 관련해서 매일 아침 일찍 일본어 학원에 1년간 다니신 적이 있다. 그 모습을 보면서 '나도 아빠처럼 계속해서 노력하면서 열심히 살아야겠다'는 살아 있는 가르침을 받았다.

현진이, 현민이도 내가 집에서 TV를 보는 모습보다는 일하거나 이렇게 글을 쓸 때, 또 신문이나 책을 읽을 때 엄마가 뭘 하는지에 대해 관심을 보인다. '엄마, 무슨 일 하는 거야'라고 묻기도 하고, 신문 보는 옆에 살며시 다가와 무슨 기사인지 묻기도 한다. 책을 읽을 때는, 자기도 책을 가지고 와서 옆에서 읽기도 한다.

요즘 같은 평생 교육 시대에 학교를 졸업했다고 해서 '공부는 이제 끝'이라고 만세를 부를 수는 없다. 또, 요즘 같은 무한경쟁 시대에 취업했다고 해서 '자기 계발은 끝'이 아니다.

자기 계발에는 정년이 없다. 쉼 없이 배우고 노력하는 것이 중요하다. 그렇다고 꼭 무슨 자격증을 따야 한다거나 학위를 받아야 하는 건 아니다. 자기 계발은 거창한 것도 아니다. 조각 시간을 이용해서 책을 읽는 것도 훌륭한 자기 계발이다. 운동을 배우거나 십자수를 배울 수도 있다. 친구 엄마 중에는 반년 동안 토요일에 주역을 배우러 다닌 엄마가 있는데, 그 엄마를 보면서 '나도 언젠가 주역이나 관상학을 배워 볼까' 하는 생각을 했었다.

20대 때 자기 계발은 영어를 빼놓고 논할 수 없지만, 확실히 취업하고 나서는 자기 계발의 영역은 더 넓어진다. 하기 싫은데 할 수 없이 다니던 영어학원은 이제 '안녕~'이다. 물론 회사에서 회의를 영어로 한다거나 업무상 영어가 필요한 경우는 예외지만 말이다.

자기 계발은 직장에서의 발전과 반드시 연관 지을 필요는 없다. 이런 점에서 자기 계발은 자기 만족의 시간이기도 하다. 평소에 관심 있던 것을 하거나 배우면서 즐거움을 느낄 수도 있고, 또 자기 계발을 통해 발전을 이룰 수도 있다.

그런데 워킹맘은 아이가 어릴 때 아무래도 자기 계발의 시간을 가지기 어렵다. 아이가 만 2~3세가 될 때까지는 집에서 육아서 외에는 책 볼 시간도 거의 없다. 몇 달간 학원에 다니면서 무언가를 배우는 건 상상할 수도 없다.

그러나 그렇다고 자기 계발에 아예 손을 놓아서는 안 된다. 한 명의 사회인으로서, 또 아이의 엄마로서 아주 조금씩이라도 성장하는 것은 매우 중요하다. 워킹맘에게 필요한 건 자기 계발에 있어 완급 조절이다. 아이가 어릴 때는 장기적인 기간을 필요로 하는 자기 계발은 어렵고, 조각 시간을 통한 자기 계발을 하다가, 아이가 커 갈수록 자기 계발의 시간을 점점 늘려가는 것이다.

예를 들어 5살, 2살 아이를 둔 워킹맘이 대학원이나 박사과정을 다니는 건 쉽지 않다. 석사나 박사 논문을 쓰는 건 더더욱 쉽지 않다. 6개월~1년간 매주 주말에 빡빡하게 진행하는 단기 MBA 과정에 다니는 것도 마찬가지다. 학구열이 남다른 워킹맘이라면 이런 현실이 매우 답답하게 여겨질 수 있다.

반대로 자기 계발은 관심이 없고 아이만 가르치면 된다고 생각하는 것도 곤란하다. 아이를 책과 가깝게 할 수 있는 가장 좋은 방법은 부모가 책을 읽는 모습을 보여주는 것이다. 자신은 누워 TV를 보면서 아이에게 '책 읽어라, 읽어라' 한다고 아이가 책과 가까워지는 건 아니다.

아주 짧은 시간이라도 자기 계발을 통해 성장을 이룰 수 있고, 아이에게도 그런 엄마의 모습이 그 어떤 것보다 큰 가르침을 준다. 엄마의 성장을 보면서 아이도 성장하는 것이다.

가정일은 엄마 혼자의
몫이 아니다

10

사회가 빠른 속도로 변화하는 21세기. 전통적인 남성과 여성의 역할 또한 변하고 있다. TV에서는 '요리하는 남자', '군대 훈련받는 여자' 같이 틀에 박힌 고정관념에서 벗어난 프로그램이 인기리에 방영되고 있다. 아빠가 아이를 돌보거나 자녀와 지내는 프로그램도 인기다. 이런 역할 변화는 사회의 변화를 반영하는 것이다. 아빠는 일하고, 엄마는 가정을 돌보는 전통적인 역할은 세상의 변화에 따라 변하고 있다. 이제, 가정일은 엄마 몫이라는 고정관념을 버리자.

2015년 추석 무렵 개봉된 영화 '인턴(The Intern)'은 30대 여성 CEO 줄스와 70대 인턴 벤의 잔잔한 우정을 보여주는 영화다. 이 영화에서 줄스의 고민을 들어주고 위로해 주는 벤을 보면서 '나도 벤처럼 늙고 싶다'는 사람들이 많았다. 사회에서의 지혜와 경험을 젊은 사람들과 공유하면서 키다리 아저씨 역할을 하는 벤의 모습이 매우 멋져 보이기 때문이다. 40살의 나이 차이, CEO와 인턴이라는 관계를 뛰어넘어 멘토(mentor)와 멘티(mentee) 사이가 된 줄스와 벤의 모습이 무척 인상적이었다.

또, 이 영화는 워킹맘의 고충을 담고 있기에 공감하는 워킹맘들이 많았다. 일과 가정 사이에서의 균형을 비롯해 워킹맘으로 공감이 가는 부분이 많았고, 어려움에 직면한 줄스를 위로하는 벤의 말은 울림이 컸다. "남편이 바람난 것이 당신 때문이라면 세상에 열정을 가지고 일하는 아내의 남편들은 모두 바람났을 거예요. 자책하지 마세요." 남편의 일탈로 가정의 위기를 맞게 된 줄스에게 건넨 이 위로의 말은, 일과 가정에서의 균형으로 고민하는 워킹맘들에게 '당신의 열정을 포기하지 마라'는 큰 용기를 주었다.

이 영화에서 또 하나 흥미로웠던 건 줄스와 줄스 남편의 역할 분담이었다. 줄스의 남편은 직장 생활로 바쁜 줄스를 대신해 집에서 살림하는 '전업주부 남편'이다. 이런 줄스 남편에 대해서는 동정보다는 오히려 부럽다는 반응이 많다. '돈 잘 버는 아내 덕분에 집에서 전업주부 남편을 하는 건 남자들의 로망 중 하나', '줄스의 남편이 정말 부럽다. 아내가 돈 잘 벌어 집에서 돈 걱정 없이 살림만 하는 게 얼마나 복인데'. 이런 평들을 보면, 셔터맨을 꿈꾸는 남자들이 많기는 많구나 하는 생각도 든다. 능력 있는 아내를 만나 편하게 살면서 아내의 사무실 문(셔터)을 열거나 닫아주기만 하는 남성을 지칭하는 '셔터맨'은 집안일을 전담하는 전업주부 남편보다 더 편하다.

줄스 남편과 같은 전업주부 남편의 증가는 여성의 경제활동 참여율 증가·사회적 지위 향상에 따라 남편보다 소득이 높은 여성이 증가함에 따라 남성 중 일부는 경제활동을 단념하고 가사활동에 전념하면서 생겨났다.

우리나라에는 아직 전업주부 남편이 그리 많지 않지만, 미국에서는 전업주부 남편의 증가가 주목받는 사회현상이다. 1980년대까지는 미국에서 전업주부 남편이란 용어가 없었지만, 2014년에는 전업주부 남편이 190만 명으로 늘어났다. 특히, 고학력·고소득 전문직 아내를 둔 전업주부 남편을 뜻하는 '트로피 남편(trophy husband)'이란 말도 생겨났다. 글로벌 피트니스 업체 이퀴녹스(Equinox) CEO인 새라 롭 오헤이건의 남편은 트로피 남편 중 한 명이다. 그는 식사를 준비하고, 청소·빨래 같은 가사를 전담한다. 또, 10세, 8세, 6세 된 세 자녀를 돌보는 것도 그의 몫이다.

전업주부 남편의 증가와 더불어 흥미로운 건 아이 낳는 고학력 여성의 증가다. 미국에서의 조사결과에 따르면, 의사나 박사 학위를 가진 20~44세 여성 가운데 무자녀 비율은 1994년 35%에서 2014년 20%로 크게 줄었다. 또, 아이가 있는 석사 학위 이상 여성의 자녀 수를 보면, 1994년에는 자녀가 1명인 여성이 28%였지만, 2014년에는 23%로 줄었다. 반면 3자녀 이상의 비중은 1994년 23%에서 2014년 27%로 높아졌다.

이에 대해 미국에서는 '고학력 여성은 경력단절을 우려해 출산을 꺼린다는 고정관념을 깨뜨린 중대한 변화'라고 평하고 있다. 여성의 사회진출이 늘어나면서 출산과 육아를 배려하는 분위기가 고학력 여성의 출산율 증가로 이어진 것이다. 또, 고소득 여성의 증가는 상대적으로 전업주부 남편의 증가로 이어져 일하는 여성이 육아에 대한 큰 걱정 없이 일에 전념할 수 있는 분위기를 조성하게 되었다.

아직까지 우리나라에서는 전업주부 남편을 '능력 있는 아내를 둔 남성'이라는 시각보다는 '무능한 남편'이라는 시각으로 보는 눈이 더 많다. 때문에, 고정적인 수입 없이 집에서 아이를 돌보는 것을 쉬쉬하기도 한다. 그러나 앞으로 여성의 사회진출이 더 늘어나고, 고소득 여성이 많아지면 이런 아내를 적극적으로 외조하는 전업주부 남편도 늘어날 것이다.

외국의 예를 보면, 전업주부 남편이 결코 무능해서 집에 있는 것이 아니다. 칼리 피오리나 휴렛 팩커드사 전 CEO의 남편인 프랭크 피오리나는 아내의 외조를 위해 1998년에 AT&T를 그만두고 가사를 도맡았는데, 당시 그는 부사장이었다. 자신 역시 유능하지만, 더 유능한 아내를 위해 역할 분담을 한 것이다. 2015년 불의의 사고로 사망한, 셰릴 샌드버그 페이스북 최고운영책임자(COO)의 남편 데이브 골드버그 역시 본인도 온라인 설문조사 업체 서베이몽키(Survey Monkey)의 CEO였지만, 자신보다 더 바쁜 부인을 대신해 자녀 육아를 도맡을 정도로 헌신적인 외조를 했다.

이처럼 더 유능한 1명이 좀 더 일에 집중하고, 나머지 1명은 가정일을 전담하거나 더 많이 부담하는 현상이 생겨나고, 이런 현상은 능력 있는 여성의 증가에 따라 새로운 부부상이 될 것이다. 또한, 이러한 남편의 적극적인 외조는 일하는 여성에게 육아와 가사라는 무거운 짐을 줄여 줌으로써 출산율 증가와 여성의 능력 발휘에 긍정적인 영향을 미칠 수 있다.

일하는 여성의 증가에 따라 전통적인 부부의 역할에서 벗어나 육아와 가사의 어느 정도의 분담이 점차 이루어지고 있다. 물론 아직은 맞벌이 가정에서 남편의 육아·가사 분담 비율은 매우 낮다. 워킹맘 중에는 완벽주의자가 많다 보니, 일도 잘하고 아이도 잘 키워야 한다는 생각에 스스로 부담도 많이 느끼고, 본인을 혹사하는 경우도 많다.

남편이 더 바쁜 시기가 있고, 아내가 더 바쁜 시기가 있다. 예를 들어, 아내가 중요한 승진시험을 앞두고 있다면 시험공부를 하는 몇 달 동안 육아와 집안일을 남편이 좀 더 부담해야 한다. 또, 아내가 남편보다 더 유능하다면 가정에서의 역할 분담도 충분히 이에 맞춰 변할 수 있다. 이제 '가정일은 엄마 몫'이라는 고정관념을 버리자.

혼자 감당하려
하지 마라

11

워킹맘은 자신의 고민이나 어려움을 주위의 도움 없이 혼자 해결하려는 경향을 가지고 있다. 아직 사회적으로 일·가정 양립에 대한 지원이 부족하고, 일하는 여성의 육아를 개인 문제로 보는 것이 현실이다. 그러나 백지장도 맞들면 나은 법. 어려운 순간을 맞아 혼자 감당하려 하기보다 주위에 알리고 도움을 청해 보자. 누군가는 당신의 손을 잡아줄 것이다.

얼마 전 직장 후배와 이야기를 나눌 기회가 있었다. 3살 딸을 둔 후배는 일이 많다 보니 주말에도 아이와 놀아주지 못하는 것을 무척 마음에 걸려 했다.

"아이가 점점 커 가고 말을 하면서 저를 더 찾아요. 늦게까지 일하는 날에는 전화해서 '나는 엄마 보고 싶은데, 엄마는 나 안 보고 싶어?' 하기도 하고요. 주말에도 집에서 사무실 일을 해야 하다 보니 아이와 잠깐 근처 공원을 가거나 산책하는 정도에요. 아이와 많은 추억을 만들고 싶은데 시간을 내기 어려워 어떻게 해야 할지 모르겠어요."

아이가 어릴 때는 일과 가정 사이에서 시계추가 가정 쪽에 좀 더 기울어야 하는 시기다. 이 시기에는 될 수 있는 대로 집에 빨리 돌아와 아이와 충분한 시간을 보내는 것이 필요하다. 그런데 후배처럼 일 때문에 이 시기에 오히려 시계추가 일 쪽에 기울어져 있다면 많은 고민이 될 수밖에 없다.

어느 시기라도 내게 주어진 일은 충실히 해야 한다. 아이가 어릴 때 희생하는 건 자기 계발이나 자기 발전이다. 꼭 해보고는 싶지만, 업무량이 많아 주말에도 회사에 나와야 하는 부서를 지원하는 것, 뛰어난 성과를 내기 위해 주어진 일 외에 스스로 일을 찾아 야근이나 주말 근무를 하는 것, 회사업무와 관련된 자격증을 따기 위해 퇴근 후에 학원을 다니는 것 등등 아이가 어릴 때는 눈물을 머금고 포기해야 하는 순간이 많다.

그러나 주어진 일 자체가 많다면 이건 다른 문제다. 일을 충실히 하다 보면 매일 야근에 주말근무까지 해야 하고, 그러다 보면 아이와 주말에도 같이 지낼 시간이 별로 없는 것이다.

주어진 일만 하는데도 주말에도 아이와 충분히 놀아줄 시간이 별로 없으면 워킹맘으로서는 많은 고민이 될 수밖에 없다. 이런 생활이 계속 반복된다면 '일이 좀 더 적은 회사로 옮길까' 하는 생각을 할 수도 있다. 그러나 이런 경우, 아이 때문에 나를 희생했다는 생각에 오히려 아이에게 더 집착하게 되지 않을지, 또 희생한 만큼 아이에게 대가를 보상받기 위해 성적에 더 집착하지는 않을지 잘 생각해 봐야 한다. '잠깐 피해가자'는 마음으로 직장을 옮길 것이 아니라, 일과 육아와의 양립에서 오는 만족감 외에 발전 가능성, 일에서의 만족도, 근무환경 등을 장기적인 시각에서 꼼꼼히 따져 보고 옮기는 것이 좋다.

내 지론이지만, 엄마가 행복해야 아이도 행복하다. 내 인생에 큰 영향을 미치는 일을 결정할 때 누군가를 위한다는 제3자적인 관점이 아니라, '내 관점'에서 결정해야 아쉬움도 없고, 후회도 없다. 남의 탓도 하지 않게 된다.

후배의 경우, 일이 한창 많은 시기인 데다 일을 잘하다 보니 맡게 되는 사건들이 많아 주말에도 하루 반 정도는 꼬박 일을 해야 하는 상황이었다. 내가 후배에게 해 준 조언은 이것이다.

우선, 일의 효율성을 높이라는 것이었다. 너무 꼼꼼하다 보니 하나의 서면을 쓰더라도 필요 이상 많은 시간이 소요되는 건 아닌지 점검해 보고, 일을 충실히 하면서도 시간적 면에서 효율적으로 처리하는 방식을 찾아볼 필요가 있다. 나이가 어린 아이를 둔 워킹맘일수록 효율적인 업무처리는 매우 중요하다. 스스로 자신의 업무방식을 점검해 보고, 또 주위 선배들로부터 경험담을 들으며 자신에게 맞는 효율적인 업무방식을 개발하는 것이 좋다. 자신보다 많은 경험을 가진 주위 선배들의 경험담이나 비법을 듣는 것은 많은 도움이 되기 때문에 반드시 필요하다.

둘째로, 일을 조금 줄이라는 것이었다. 경우에 따라서는 감당하지 못할 상태가 되지 않게 일을 줄이는 단호함이 필요하다. 로펌에서는 하나의 사건에 보통 2~3명의 변호사가 같이 일하는데, 선배 변호사로부터 '같이 일하자'는 제의를 받게 되면 주니어 변호사로서는 거절하기가 웬만해서는 쉽지 않다. 그러나 일이 상당히 많은 상태인데도 선뜻 거절하지 못해 새로운 사건까지 하게 되면 일의 홍수에서 헤어날 수 없게 된다. 아이와 주말에 같이 보낼 시간을 내려면, 힘들더라도 거절하는 법을 익혀야 한다.

후배가 주말 중 오롯이 하루만이라도 일에서 벗어나 아이와 온종일 시간을 보낸다면 지금의 고민은 많이 줄어들 것이다. 하루의 시간을 이용해 근교에 놀러 갈 수 있고, 놀이공원에 갈 수도 있다. 아침 일찍 서두른다면 당일치기로 강원도에 다녀올 수도 있다.

내 이야기를 듣고 후배는 표정이 한결 밝아졌다.

"저 혼자 고민만 하고 누구에게도 털어놓지 못했는데 변호사님 말씀을 들으니까 많은 도움이 되고 힘이 나요."

지금의 직장에 만족하고, 여기에서 발전을 이루고 싶은 워킹맘이라면 아무리 일과 육아 사이에서 힘들더라도 버텨야 한다. 업무의 효율성을 높이고, 경우에 따라서는 거절하기도 해야 한다. 고민이나 어려움이 생겼을 때 혼자 감당하려 하지 말고, 주위 동료나 선배들에게 알리고 도움을 요청하는 용기도 필요하다.

‘내가 이런 말을 하면 나를 약하다고 생각하지 않을까’ 하는 걱정
을 버려라. 특히, 일이 너무 많아 건강에 적신호가 켜졌을 때는 초기에
이런 사실을 주위에 알리고 도움을 청해야 한다. 안 그러면, 호미로 막
을 것을 가래로 막게 된다. 도움이 절실할 때 주위에 손을 내밀어라.
누군가는 당신의 손을 잡아줄 것이다.

상황에 따라
유연하게 대처하라

12

　일과 육아를 병행하는 데 정해진 방법은 없다. 출퇴근이 비교적 자유로운 회사나 부서에 근무할 수도 있고, 반대로 근무시간 중에 전혀 외출이 어려운 경우도 있다. 재택근무나 유연근무제를 시행하는 회사라면 아이가 어릴 때는 이런 제도를 활용하는 것이 좋다. 반대로 근무시간 중에 꼼짝할 수 없는 상황이라면, 집에 무슨 일이 있을 때 대신 와줄 수호천사가 필요하다. 일과 육아를 병행하는 워킹맘은 근무시간의 탄력성 여부에 따라 유연하게 대처해야 한다.

　법원에서 단독판사와 배석판사는 시간 관리의 유연성에서 큰 차이가 난다. 단독판사는 시간 관리에 있어서 비교적 자유롭다. 야근을 하든 주말근무를 하든 자신이 처리할 일을 제 시간에 처리하면 되기 때문에 무슨 일이 있을 때 출근이나 외출이 비교적 자유롭다. 법원에 법원장님이 계시지만, 업무에서는 직속상사가 없다고 봐야 한다.

이와 달리, 배석판사는 시간 관리에서 자유로움이 없다. 재판부의 업무일정에 따라 주어진 일정에 맞춰 업무처리를 해야 하는 입장이다. 배석판사의 직속상사는 같은 재판부의 부장판사다. 어떤 일로 출근이 늦어지거나 근무시간 중에 외출을 해야 할 때는 부장판사에게 미리 이야기를 하거나 양해를 구하는 것이 일반적이다. 이처럼, 시간의 탄력적 관리가 가능하냐 아니냐에 따라 자연스럽게 일과 육아의 병행 방식 또한 다르다.

나 역시 그랬다. 현진이가 아주 어렸을 때는 단독판사를 했었는데, 현진이가 아플 때 재판일이 아니면 아침에 병원에 데리고 갔다가 조금 늦게 출근했다. 출근이 조금 늦은 만큼 퇴근을 늦춰 일을 마치곤 했다. 그런데 그 후 서울고등법원 배석판사로 발령받고 나서는 상황이 180도 달라졌다. 고등법원에 2년 근무하는 동안, 아이들이 아플 때 아침에 같이 간 적이 단 한 번도 없다.

이때는 아이들이 아프면 근처에 사시는 친정엄마에게 주로 부탁을 드렸다. 물론, 부장판사님께 사정을 말씀드리고 출근을 좀 늦추면 되지만, 이런 말을 하는 것 자체가 나로서는 썩 달갑지 않았다. 그리고 아이들이 어릴 때는 감기라도 걸리면 매일 또는 2~3일에 한 번씩 자주 병원에 가야 하는데, 아이를 병원에 데려갈 때마다 이런 사정을 말씀드리는 것도 부담스러웠다.

이처럼, 시간의 탄력적 관리가 가능할 때는 일과 육아를 병행하는 것이 비교적 수월했지만, 그렇지 않을 때는 상황에 맞출 수밖에 없었다.

그런데 문제는 아이들이 갑자기 아픈 경우다. 아이가 아프거나 다쳐 갑자기 유치원이나 어린이집에서 연락이 왔는데 누군가 대신 가야 할 사람이 없을 때, 이런 경우 워킹맘에 대한 배려는 반드시 필요하다. 전에 같이 일하던 여직원은 아이들을 모두 어린이집에 보냈었는데, 간혹 어린이집에서 전화를 받곤 했다. 갑자기 아이가 설사를 심하게 하는 경우도 있었고, 다친 경우도 있었다. 무척 미안해하면서도 한편으로는 걱정이 가득한 표정으로 사정을 이야기하는데 '빨리 가봐라'고 배려하는 것이 당연했다.

또, 어떤 여직원은 몇 년 전 어린이집이 집단 휴업할 때 아이들을 돌봐 줄 사람이 없다 보니 어쩔 수 없이 휴가를 낼 수밖에 없었는데, 이런 사정 역시 배려해주는 것이 마땅했다. 직원의 부재로 당장 불편하기는 하지만, 워킹맘의 급박한 사정에 대해서는 주위의 따뜻한 배려가 필요하다. 이런 배려는 비단 워킹맘에 대해서 뿐만 아니라, 경우에 따라서는 워킹맘을 배우자로 둔 남자 직원에게 필요하기도 하다.

몇 년 전 같이 일한 남자 직원은, 아이를 봐주시던 장모님이 갑자기 맹장염으로 입원하시게 되었는데, 당시 아내는 직장에서 자리를 비울 수 없는 상황이었다. 매우 난처해 하면서 사정을 이야기하는데, 당연히 배려가 필요한 상황이었다. 이처럼, 아이가 어릴 때는 가족이나 주위도 도움도 필요하고, 직장에서의 배려도 필요하다.

아이가 어릴 때는 가능하면 탄력적 시간 관리를 할 수 있는 부서나 회사에 근무하면 일과 육아 병행에 도움이 된다. 그러나 그런 선택권이 없는 경우도 많다. 이런 경우에는 상황에 자신을 맞춰야 한다. 개인 사정을 이유로 자리를 비우는 것은 될 수 있으면 피하는 것이 좋다. 다만 어쩔 수 없는 급박한 사정이 있을 때는 미리 직장에 알리고 배려를 받는 것이 필요하다. 상황에 따라 유연하게 대처하는 지혜가 필요한 것이다.

직장에서 발전하기

Part four

04

일과 육아만 하기에도 바쁜 워킹맘은 웬만해서는 자기 계발이나 발전의 시간을 내기가 쉽지 않다. 일하고, 아이 돌보고, 남는 시간에 자기 계발을 하려다 보면 평생 가도 시간 내기가 힘들다. 이런 워킹맘에게 권하고 싶은 자기 계발의 비법이 있다. 바로 '할 수밖에 없는 상황'을 만드는 것이다. 가끔은 자신을 몰아붙여야 한다.

자신의 핵심가치를
어필하라

01

강점 강화의 시대. 자신의 단점을 보완하기보다 강점을 더욱 강화하는 것이 자신을 더 돋보이게 하는 방법이다. 나를 정의할 수 있는 핵심가치는 무엇일까? 적극성, 성실성, 창의성, 국제 감각 등등 각자의 핵심가치는 매우 다양하다. 여성으로서의 세심함, 배려심 역시 훌륭한 핵심가치가 될 수 있다. 자신이 소중히 여기는 핵심가치를 찾자. 그리고 이것을 강화하고 어필해 보자.

몇 년 전 '강점혁명'에 관한 책을 읽었다. 이 책의 내용은 사람들은 스스로 지닌 뛰어난 재능과 강점은 내버려두고 약점을 보완하는 데만 매달리며 살아간다. 그러나 그러다 보면 평균적인 수준밖에 되지 않는다. 따라서 단점을 보완하기보다는 자신의 강점을 개발하는 것이 더 효율적이라는 것이다.

이 책을 읽고 나서 '내 강점은 무엇일까' 곰곰이 생각했다. '너 자신을 알라'는 소크라테스의 말처럼, 자기 자신을 잘 알기는 쉽지 않다. 자기 자신을 과대평가하기도 하고, 과소평가하기도 한다. 그런데 이런 생각을 하다가 '내가 중요하게 생각하는 가치'는 과연 무엇일까하는 생각에 미치게 되었다. 내가 중요하게 생각하는 가치란, 나 자신의 가치관이기도 하고, 나와 비슷한 가치관을 가진 사람들과 같이 일한다면 시너지 효과를 발휘할 수 있다. 또한, 이 가치를 이루고자 노력하다 보면 이것이 나의 강점이 될 것이라는 생각이 들었다.

이것을 '핵심가치'라 할 수 있는데, 내 핵심가치는 3가지이다. 첫째, '열정'으로, 내가 이 세상에서 가장 소중하게 생각하는 가치이다. 평생, 마음에 열정을 품고 살고자 한다. 같은 것을 하더라도 의무감에서 하는 것과 진심으로 마음에서 우러나와 스스로 열심히 하는 것은 다르다. 무언가를 할 때 열정을 가지고 하면 덜 힘들고, 더 나은 결과물을 만들 수 있다. 또, 무언가 열의를 가지고 집중하다 보면 영감이 떠오르기도 한다. 열정이 사라지는 순간, 그 일을 하는 것이 큰 스트레스이고 능률도 잘 오르지 않는다. 열정을 불러일으키는 가장 좋은 방법은 '좋아하는 것'을 하는 것이다. 또, 우연한 기회에 자신이 좋아하는 것을 찾아내기도 한다.

몇 년 전 사법연수원 교수를 할 기회가 있었다. 판사로서 그동안 해왔던 재판업무에서 벗어나 2년간 사법연수원 교수로 연수생들을 지도하게 되었다. 그전에도 후배들에게 관심을 보이고 기회가 될 때마다 좋은 말을 해 왔지만, 사법연수원 교수로 60~70명의 반 연수생들을 2년간 담임교사처럼 지도하다 보니, 내가 젊은 후배들에게 무척 많은 관심을 가지고 있고, 멘토링에 재능이 있다는 사실을 발견하게 되었다. 인재를 가르치는 기쁨도 컸고, 무엇보다 그들을 격려해 주고 그 발전과정을 지켜보는 즐거움이 무척 컸다.

이러한 경험이 토대가 되어 법원에 복귀하고 나서 같은 법원에 근무하는 여성 후배들에게 좀 더 체계적인 멘토링을 할 수 있었다. 후배들과 만나 이야기 나누고, 좋은 이야기를 해 주는 것이 내게는 큰 즐거움이다. 이 책을 쓰게 된 것 역시 멘토링의 연장 선상이다. 내가 좋아하는 것을 하다 보니 생각지도 않게 책을 쓸 기회까지 가지게 되었다.

나의 첫 번째 핵심가치가 '열정'이다 보니 자연스럽게 내 강점 역시 '열정적'이라는 것이다. 좋아하는 일을 할 때 더 큰 열정을 가지고 하지만, 어떤 일을 하더라도 열의를 가지고 열심히 하는 편이다. 또, 멘토링에 대한 열정은 친화력, 소통능력, 리더십의 강점으로도 이어질 수 있다.

두 번째 핵심가치는 '발전'과 '도전'이다. 30대 때는 발전에 초점을 두었다가 40대에 들어서는 도전에 더 큰 초점을 두고 있다. 내가 추구해야 할 핵심가치로 '발전'을 정하게 된 건, 작은 성공에 안주했다가는 나중에 뒤처질 수 있다는 뼈저린 경험에서 우러나온 것이다.

초임판사 시절 작은 성공에 우쭐했던 적이 있다. 좋은 성적으로 서울 지역 법원에 첫 발령을 받았고, 특히 판사 3, 4년 차에 서울중앙지방법원 형사부에서 일하면서 중요 사건도 많이 다루고, 내가 처리한 사건이 간간이 언론에 보도되다 보니 내가 검사나 변호사로 진출한 연수원 동기들보다 더 앞서가고 있다는 착각에 우쭐했었다.

그런데 4년간의 서울 근무 후 3년간 지방 근무를 마치고 8년 차 판사가 되어 서울로 돌아와 보니 그것이 아니었다. 그 사이에 연수원 동기검사들 중에는 법무부나 서울중앙지검 특수부, 공안부 등으로 발탁되어 능력을 인정받고 있는 검사들도 많았고, 로펌 변호사들 또한 처음 몇 년간의 힘든 시기를 이겨내고 해외연수를 마친 후 어느덧 전문성을 갖춘 중견 변호사가 되어 있었다.

그들이 이렇게 발전하는 동안 나는 무엇을 했나 돌이켜 보니 넓지만 얕은, 또 '종합선물상자'식의 법률 지식에, 전문성도 발전성도 별로 없이 현실에 안주하면서 지낸 나 자신을 발견할 수 있었다. 다른 동기들이 발전하는 사이에 나는 '고인 물'처럼 정체된 시간을 보냈다는 사실이 당시에는 큰 충격이었고, 작은 성공에 만족해서는 큰 발전이 없다는 것을 몸으로 느낄 수 있었다. 3년 만에 서울로 돌아온 나는 뼈저리게 느낀 경험을 통해 '끊임없이 발전해야겠다'는 다짐을 스스로 하게 되었다.

40대에 들어서서 '도전'을 핵심가치로 정하게 된 계기 또한 있다. 40대에 들어선 어느 날 새로운 것을 시도하지 않고 현실과 자꾸 타협하려는 나 자신을 발견하게 되었다. 나에게 30대는 '변화와 발전, 도전과 열정'의 마음을 자연스럽게 주었지만, 40대는 그보다는 '안정', 요즘의 100세 시대에 노년에 대비해야 한다는 의미로 다가왔다. 물론 인생이란 신체적인 나이보다 마음먹기 나름이지만, 40대가 되었다는 사실 자체가 나로 하여금 전과 다르다고 자신을 스스로 한계 지우는 마음을 가지게 했던 것이다.

그러던 어느 4월의 일요일, 결혼식으로 대전을 내려가는 기차 안에서 잠시 잊고 지내던 '도전'이라는 단어가 떠오르면서 불현듯 이런 생각이 들었다. '그래, 내가 전혀 할 수 없다고 생각하는 일에 한번 도전해보자!' 내 삶을 통틀어 나와는 전혀 상관없고 불가능한 것이라고 자신을 한계 지우는 그 무언가를 해보자는 생각이 들었다.

책을 쓴다는 것은 세상을 향해 자기 생각을 이야기하는 것으로 참으로 조심스러운 일이고, 또 글재주도 변변치 않은 나로서는 에베레스트 산 정상에 오르는 것만큼이나 불가능한 일이었다. 그런데 여기에 한번 도전해보자는 생각이 들었다. 그때부터 조금씩 준비를 한 끝에 2011년 《사법연수원 비밀강의》라는 책을 출간하게 되었다.

책 쓰는 것이 결코 쉬운 일이 아닌 데다가 일과 육아를 병행하면서 글을 쓰다 보니 시간 내기도 쉽지 않았지만, 막상 완성하고 나서는 높은 산을 정복한 듯한 말로 표현할 수 없는 큰 희열감을 느낄 수 있었다. 그리고 그 과정에서 차츰차츰 옅어져 가던 삶의 열정과 도전정신을 되찾을 수 있었다.

마지막 핵심가치는 '신의'다. 나는 약속을 지키고, 상대방의 믿음을 저버리지 않는 것을 소중히 생각한다. 내가 가장 싫어하는 사람 중하나가 신의를 저버리는 사람, 즉 배신하는 사람이다. 또한, 신의를 중요시하다 보니 주위에서 의리가 있다는 말을 자주 듣는 편이다. 혹시,

내가 누군가와 동업을 한다거나 같은 일을 한다면, 그 사람 역시 '신의'를 중요시하는, 즉 나와 같은 핵심가치를 가진 사람일 것이다.

핵심가치는 당신이 어떤 사람인지를 나타내는 상징과도 같다. 또한, 워킹맘으로서의 장점을 활용할 수 있다. 엄마와 같은 자상함이 후배들에 대한 자상함과 관심으로 이어져 멘토링에 대한 열정으로 나타난 것처럼, 워킹맘으로서의 장점을 핵심가치로 연결할 수 있다.

당신의 핵심가치가 무엇인지 생각해 보자. 그리고 이 핵심가치를 이루고자 노력하자. 그 과정에서 당신의 강점은 더욱 강화될 것이다.

가끔은 자신을
몰아붙여야 한다

02

일과 육아만 하기에도 바쁜 워킹맘은 웬만해서는 자기 계발이나 발전의 시간을 내기가 쉽지 않다. 일하고, 아이 돌보고, 남는 시간에 자기 계발을 하려다 보면 평생 가도 시간 내기가 힘들다. 이런 워킹맘에게 권하고 싶은 자기 계발의 비법이 있다. 바로 '할 수 밖에 없는 상황'을 만드는 것이다. 가끔은 자신을 몰아붙여야 한다.

조선일보 강인선 부장이 2007년 출간한 《하버드 스타일》에 이런 대목이 나온다.

초임기자 시절 어느 주한 외국 대사 인터뷰를 하게 되었다. 영어를 비교적 잘하는 편이었지만 그렇다고 원어민 수준의 영어 실력은 아니었기에, 통역 없이 진행해야 하는 인터뷰를 앞두고 해야 하나 말아야 하나 고민한 끝에 '에잇, 까짓 거 그냥 부딪쳐보자'고 결심했다. 하기로 마음먹은 이상 최선의 준비를 하는 것이 최고의 대책이었다.

영어로 질문지를 만들어 달달 외워서 갔다. 또, 인터뷰를 한 다음에는 몇 번이고 몇십 번이고 녹음테이프를 반복해서 들으면서 한 부분이라도 놓치지 않으려고 온 신경을 집중했다. 그렇게 영어로 인터뷰 기사를 작성하고 나니 영어 실력이 늘었음을 스스로 실감했다. 게다가 회사 안에서 '영어하는 기자'로 꼽히게 된 건 생각지 않은 행운이었다. 그 후 영어 인터뷰 기회는 모두 강 기자 차지가 되었고, 영어 실력 또한 쭉 상승곡선을 타게 되었다. 영어로 말할 일이 생기니 어쩔 수 없이 영어에 관심을 가지게 되고, 그 과정에서 조금씩 영어가 늘고 이런 식으로 긍정적인 순환이 계속되었던 것이다.[2]

결국, 강 기자의 영어 실력 상승은 '누구의 도움 없이 영어로 말하고 들어야 하는 상황'에서 비롯되었다. 이를 피하지 않고 부딪쳐가는 가운데 차츰차츰 영어 실력이 늘어난 것이다. 자기 계발의 시간을 스스로 내기 어렵다면, 이처럼 할 수밖에 없는 상황으로 자신을 몰아가는 것이 좋은 방법이다. 특히, 워킹맘에게는 이런 방법이 유용하다.

나 역시 이런 계기를 통해 성취감을 느낀 경험이 있다. 바쁜 업무에 아이들을 돌보다 보면 일 이외 다른 것을 할 시간을 영 내기 쉽지 않은 현실에서 내가 택한 방법은 '거절하지 않는 것'이었다.

몇 년 전 법원 판사들이 모여 형법 주석서를 낸 적이 있다. '절도죄', '사기죄' 등 1개씩 죄명을 맡아 학설과 판례를 정리하고, 관련 법

2) 강인선 저, 《하버드 스타일》 웅진지식하우스(2007), 176~186p

률 이론을 재정비하는 작업이었는데, 모두 30명의 판사가 참여했다. 이 일을 총괄하시던 선배 법관으로부터 '낙태죄' 부분을 써보지 않겠느냐는 제의를 받았다. 당시 고등법원에서 일할 때라 업무도 많고, 주말에 아이를 돌보다 보면 시간 내기가 쉽지 않았지만, 좋은 기회라는 생각이 들었다. 30명의 집필진 중 여성이 나 혼자라는 점도 '거절하지 않은' 이유 중 하나였다. 여성 판사로서의 소명의식이랄까 책임감이 들었던 것이다.

책을 쓰겠다고 했으나 막상 쓰려고 보니 시간 내기가 쉽지 않았다. 당시 현진이가 어릴 때라 주말에는 현진이를 돌보느라 전혀 시간을 낼 수 없었다. 결국, 몇 달 동안 평일에 틈틈이 야근을 하면서 조금씩 써 나간 끝에 맡은 부분을 완성할 수 있었다. 힘들 때는 '내가 왜 거절하지 않았을까' 하는 생각도 들었지만, 법조인들이 많이 보는 주석서에 내가 쓴 부분과 내 이름이 나온다는 사실에 큰 보람을 느낄 수 있었다. 또, 책을 써 가면서 연구하다 보니 낙태죄 부분에 대한 법률지식 또한 깊어지고 넓어졌다.

한번은 외부 연구회에서 논문을 발표하게 되었는데 그때는 일이 정말 많을 때라 시간을 내기가 쉽지 않았다. 게다가 지방에 근무하면서 서울과 지방을 왔다 갔다 하다 보니 더욱 시간내기가 어려웠다. 발표일은 다가오는데 준비는 거의 못하고, 결국 발표 전 며칠 동안 거의 밤을 새운 끝에 가까스로 논문을 완성할 수 있었다. 논문준비에 많은 시일이 걸린 건 아니지만, 정말 이때는 '내가 왜 거절하지 않았을까, 앞으로는 절대로 Yes하지 않을 거야'라는 다짐을 몇 번이고 했다. 그런데 웬걸. 막상 발표를 마치고 나니 큰 성취감이 몰려오면서 이전의 다짐을 어느새 잊게 되었다.

이런 경험을 바탕으로 후배들에게도 같은 방법을 권한다.

"주어진 일만 하기도 바쁜데 뭔가 연구를 하는 건 정말 쉽지 않아. 그런데 남은 시간에 뭔가를 하려다 보면 항상 뒷전으로 밀리게 돼. 그러다 보면 자기 계발이나 발전은 이루기 어려워져. 우리 같은 워킹맘에게 가장 좋은 방법은 어떤 기회가 주어졌을 때 '거절하지 않는'거야. 먼저 손들 것까지는 없지만, 누군가 해보라고 할 때 'Yes'를 하고 준비하다 보면 조금씩 발전하게 돼. 여유 시간을 내기 어려운 만큼, 자신을 스스로 할 수밖에 없는 상황으로 만드는 것이 우리에게는 필요해."

일 년에 한 번 정도는 자신을 스스로 할 수밖에 없는 상황으로 만들어 보라. 당장은 고되고 후회막급일지 몰라도, 완성 후 큰 성취감을 느낄 것이다. 그리고 이런 과정을 하나하나 밟아가다 보면 조금씩 발전을 이룰 수 있다. 자기 시간을 내기 어려운 워킹맘일수록 가끔은 자신을 몰아붙여야 한다.

매년 한 가지씩
작은 목표를 세워라

03

'천 리 길도 한 걸음부터'라고, 한꺼번에 많이 발전하기보다는 조금씩 성장하다 보면 어느덧 상당한 경지에 오르게 된다. 자기 발전에 관심이 많은 워킹맘이라면 매년 한 개씩 작은 목표를 세우는 것도 자기 발전의 좋은 방법이다. 또한, 작은 목표를 세우고 노력하는 것은 생활의 활력소가 되기도 한다.

매년 12월 31일이 되면 '올해를 어떻게 보냈나' 한 해를 돌아보게 된다. 좋았던 일, 아쉬웠던 일, 기뻤던 순간, 슬펐던 순간을 회상하면서 '작년보다 더 나아졌구나' 하는 해도 있고, '내년에는 더 분발해야겠다'고 다짐하는 해도 있다. 내 경우 빠뜨리지 않는 것이 '올해 어떤 성취를 이루었나' 하는 것이다. 말이 성취이지 거창한 건 아니다. 또, 업무와 관련 없는 경우도 많다. 예를 들어, 출산을 하는 것 역시 내 입장에서는 '성취'이다. 결혼도 마찬가지다. 지금처럼 책을 쓰는 건 '큰' 성취이다. 10여 년 전 토플(TOEFL) 공부를 열심히 한 끝에 해외 연수법관으로 선발되었을 때에는 한 해를 결산하면서 나 스스로 매우 후한 점수를 주었다.

이처럼 20대 어느 해부터 매년 작은 목표를 하나씩 세우는 것이 습관이 되었다. 목표를 여럿 세우거나 거대한 목표를 세운다면 부담이지만, 작은 목표 하나를 세우는 건 내게 삶의 활력소가 되었다. 목표를 1월 1일에 세우는 건 아니다. '올해도 작은 성취를 이루어야겠다'는 생각으로 지내다 보면 어느 순간 대상이 포착된다. '아~ 올해는 이걸 열심히 하면 되겠구나' 하면서 목표를 정하게 되는 것이다. 목표는 의도하지 않은 우연한 기회에 생기기도 한다.

2014년에는 〈크리스마스 패션쇼〉라는 창작극으로 연극무대에 주인공으로 서게 되었다. 정말 우연한 기회에 연극을 하게 되면서 생각지도 않게 연극무대에 서게 된 것이다. 엉겁결에 시작한 연극이었지만 준비와 연습에 5개월 정도 걸렸고, 막판 2달 동안에는 맹연습을 했다. 덕분에 연극을 마치고 큰 성취감을 느낄 수 있었다.

아이와 많은 시간 보내기, 요리 배우기 등도 좋은 목표가 될 수 있다. 건강한 출산 역시 훌륭한 목표다. 책 30권 읽기, 한 달에 한 번 아이와 야외체험 가기도 좋은 목표다. 일과 육아에 지친 워킹맘이라면, '나 혼자 1박 2일 여행가기'도 도전해 볼 만한 목표다. '올해는 수영을 배워야지, 아니야 바이올린을 배워볼까' 하는 행복한 고민을 할 수도 있다.

십여 년 전 어느 해, 그해의 목표는 연초부터 확고했다. '백파하기'. '골프를 배우고 3년 안에 100타 안으로 치지 못하면 평생 100타를 깨지 못한다'는 골프계의 정설 같은 이야기가 있는데, 그해가 골프를 배운 지 3년째 되는 해였다. '올해 100파(破)를 못하면 평생 90대를 치지 못하겠구나'는 위기의식이 들었다. 당시는 결혼 전으로 주말에 여유시간이 있던 때라 주중에는 연습, 주말에 필드를 열심히 다닌 끝에 그해 8월 드디어 100파를 할 수 있었다.

이처럼, 매년 하나씩 뭔가 열심히 할 대상을 정해 놓고 꾸준히 하다 보면 작은 성취감도 느낄 수 있고, 생활에 활기가 돌았다. 아이를 낳고 나서는 몇 달 동안 꾸준히 무언가를 배우거나 시간을 들이는 것은 쉽지 않아 주로 업무와 관련된 작은 목표를 세워 온 것 같다. 예를 들어, 법원 연구회나 외부 연구회에서 발표하기 같은 것이다. 여기에는 오랜 시간이 들지 않고, 2~3주의 노력으로 들인 시간과 노력보다 큰 성취감을 느낄 수 있는 장점이 있다.

40대에 들어서는 매년 하나씩 새로운 것에 도전해 보는 것으로 목표가 바뀌었다. 무엇을 '성취'한다는 것보다, 무언가를 '시도'해 보는 데에 마음이 더 끌렸다. 그 계기는 2011년 책을 출간하고 나서였다. 내가 전혀 할 수 없다고 생각하는 일에 한번 도전해 보자는 생각으로 시작한 책 쓰기의 길이 쉽지는 않았지만, 막상 완성해서 대형서점 매대에 놓인 책을 접하는 순간, 이전에 느끼지 못한 진한 보람과 성취감을 느낄 수 있었다.

또한, 그 과정을 통해 40대에 들어서서 현실과 타협하고 스스로를 한계 지우는 느슨함에서 벗어나 다시 젊음으로 돌아간 기분이 들었다. 마음의 젊음을 유지하는 가장 좋은 방법은 '뭔가에 도전하는 것'이구나 하는 생각이 들었고, 그 이후부터는 큰 것이든 작은 것이든 매년 하나씩 그 전에 안 해 본 새로운 것에 도전하고, 새로운 경험을 해 보자는 결심을 하게 되었다.

대충 이런 것이다. 그동안 무서워서 못 탔던 놀이공원 롤러코스터 타기, 수직에 가까운 보디 슬라이드 타기 등등. 그동안 안 해 본 어느 것에나 도전해 보는 거다.

지금까지 살아오면서 해 본 가장 큰 도전은 '직업을 바꾼 것'이었다. 1992년부터 시작한 22년간의 판사생활을 마치고 2014년 변호사로 직업을 바꾼 것이 내게는 지금까지 살아온 동안 가장 큰 결심이 필요했던 도전이었다. 요즘 같이 이직이 흔한 세상에, 태어나서 처음으로 직업을 바꾸는 것이 내게는 너무나 대단하고 힘든 일이었다.

잘 지내던 법원을 떠나 새로운 도전을 해 봐야겠다는 생각이 들었던 건, 다른 분야에서 내 재능을 발휘해 보고 싶다는 바람에서였다. 판사로서의 재능 말고 나에게 또 다른 '달란트'가 분명 있을 텐데 법원에만 있다 보니 나의 또 다른 재능을 발견할 수도, 발휘할 수도 없다는 생각이 들었다. 그러나 생각과 실천은 다른 법. 막연한 바람을 행동으로 옮기는 데에는 꼬박 3년이 걸렸다. 인사철마다 '뛰어내려야 하나, 말아야 하나' 결단을 못 내리고 주저앉기를 2번 반복한 끝에 세 번째만의 생각을 행동으로 옮기게 되었다.

평생 법관을 할 것으로 알고 있던 주위 여러 판사들의 놀라움과 아
쉬움을 뒤로 한 채 법원을 떠나는 과정이 살을 도려내는 듯한 아픔이
었지만, 아픈 만큼 성숙해진다고, 새로운 길에 대한 도전을 통해 나 스
스로 전보다 더 강해졌음을 느낄 수 있었다. 무엇보다, 생각을 행동으
로 옮겼다는, 실천하기가 절대 쉽지 않은 나와의 약속을 지켰다는 점
에서 스스로에 대한 신뢰감이 매우 컸다.

2014년 내 생애 '첫' 경험은 뭐니 뭐니 해도 직업을 바꾼 것이었다.
매년 하나씩 작은 목표를 세우는 것, 크든 작든 새로운 경험에 도전해
보는 것은 일과 육아 사이에서 지친 당신에게 활력소가 될 수 있다.
또, 당신도 모르는 사이에 당신을 더 강하게 하고 성장시키는 자양분
이기도 하다.

나만의 멘토를
만들어라
04

경험보다 좋은 스승이 없듯, 나보다 더 많은 경험을 한 직장선배의 조언은 직장 생활에 많은 도움을 준다. 또, 힘들 때 직장선배의 관심과 격려 한 마디에 힘이 불끈 나기도 한다. 특히, 나보다 앞서서 워킹맘의 길을 걷고 있는 여자 선배는 존재 자체만으로 많은 힘이 되기도 하고, 업무뿐만 아니라 육아 문제에서도 경험에서 우러나오는 지혜로 적절한 해법을 제시하기도 한다.

나를 아끼고 특별한 관심을 가져 주는 멘토는 든든한 후원자이자 나를 성장으로 이끄는 지렛대이다. 그러나 세상에 공짜점심이 없듯 저절로 좋은 멘토를 만나게 되는 건 아니다.

2013년 출간된 페이스북 최고운영책임자 셰릴 샌드버그의 《린 인 *Lean In*》을 읽으면서 좀 의외였던 대목이 있었는데 바로 '멘토'에 관한 부분이었다.[3] 강연을 하거나 회의에 참석하면 자신을 찾아와 멘토가 되어달라고 부탁하는 여성이 깜짝 놀랄 정도로 많은데 "제 멘토가 되어주시겠어요?"라는 말은 듣기에는 좋지만, 매우 어색한 질문이라는 것이다. 여러 사람으로부터 멘토가 되어달라는 부탁을 수없이 받아 온 고위직 여성들 역시 "알지도 못하는 사람들이 나를 찾아와 멘토가 되어 달라고 부탁하면 정말 난감하다"는 반응을 보인다고 했다.

선망의 대상이기도 하고, 또 배울 점이 많은 리더이기에 자신의 조언을 필요로 하는 많은 사람들에게 기꺼이 조언을 아끼지 않고, 수많은 멘티가 있을 것이라고 막연하게 생각했기에 좀 의외였다. 그런데 한편 생각해 보니, 읽기에 냉정한 표현이라서 그렇지 '멘토-멘티' 관계는 낯선 사람 사이에 형성되는 건 아니고, 인간적인 친근감이나 유대감을 바탕으로 해서 형성된다는 점에서 이해가 가기도 했다.

무림의 고수가 자신의 제자를 들일 때 혹독한 시험을 통과한 극소수의 제자만을 두는 것처럼, 많은 성취를 이룬 사람일수록 자신의 멘티 역시 매서운 기준으로 엄선한다. 이 책에 따르면, 멘토들은 업무 달성도와 잠재력을 바탕으로 멘티를 선택하는 경향이 있다고 한다. "싹을 보고 '이 싹이 자라는 모습을 지켜보고 싶어요'라고 말할 수 있을 때 비로소 멘토가 되어준다"는 오프라 윈프리의 말도 인용되었다. 그러나 꼭 재능만을 보고 멘토가 되어 주는 것은 아니기 때문에 중역에게 조언을 구하고, 다음에도 조언해 달라고 부탁하는 방법으로도 가능하고, 동료 역시 멘토가 될 수 있다고 서술하고 있다.

3) 셰릴 샌드버그 저, 안기순 역 《린인 Lean In》 와이즈베리(2013), 104~122p

직장에서 멘토와 멘티 관계는 형식적인 업무관계로만 그치는 것이 아니라 누군가와 인간적인 유대관계를 쌓아가는 과정에서 생겨난다. 사회생활을 하다 보면 자연스럽게 따르고 싶은 선배가 있기 마련이다. 그 대상은 내가 닮고 싶은 선배일 수도 있고, 나와 잘 통할 것 같은 선배일 수도 있다. 식사자리도 같이하고, 조언도 구하면서 차츰차츰 가까워지고 이런 시간이 지속되다 보면, 나를 진정으로 아끼고 관심과 격려를 아끼지 않는 나만의 멘토를 만들 수 있다.

법조계 대선배이신 이영애 전 법원장님은 내가 초창기 판사 시절부터 여판사들의 롤모델이셨다. 워낙 대선배라 가까이 가기가 쉽지 않았는데, 지방 근무를 할 당시 같은 지역 고등법원 부장판사로 근무하시던 이 원장님과 자주 식사자리를 가지게 되면서 자연스럽게 멘토–멘티 관계가 되었다. 그때부터 20년 가까이 이 원장님은 멘토로서 많은 격려와 조언을 해주고 계시고, 나 역시 중대한 결정을 하거나 고민이 있을 때 항상 찾아뵙고 조언을 구한다.

10년 전 서울고등법원에 근무할 당시, 이 원장님이 사표를 내셨다는 소식을 듣고 전화를 드리면서 '후배 판사들을 감싸 주시던 큰 울타리가 없어졌다'는 생각에 나도 모르게 눈물을 터뜨렸던 기억이 아직도 선명하다. 이 원장님이 진심으로 나를 위해 주시는 것처럼, 나 역시 존경하는 법조계 선배이자 인생의 대선배로 이 원장님을 따르는 마음이 좋은 멘토–멘티 관계를 유지해 온 것 같다.

내가 이 원장님의 멘티가 될 수 있었던 건 이처럼 원장님을 따르는 마음이 전해졌고, 이 원장님 역시 이런 내 마음을 받아주셨기 때문이다. 내가 누군가를 따르고 싶어도 상대방이 내 마음을 받아주지 않으면 멘토 - 멘티 사이가 되기는 어렵다. 그러나 내 경험에 따르면 '나를 따르는 사람'이 스토커가 아닌 이상 그 사람에게 관심을 보이는 것이 인지상정이다. 나에게 조언을 구하고, 밥 사달라고 찾아오는 후배를 마다하는 선배는 없다.

세상은 가만히 있는 사람을 챙겨주지 않는다. 자신의 마음을 표현하고 가까이 가려는 노력이 필요한 법이다. 나 역시 후배들도 너무 많고, 업무도 바쁘다 보니 먼저 후배들을 챙기기 어려운 경우가 많다. 그럴 때, 후배가 먼저 조언을 구한다거나 식사하자고 연락해 오면 오히려 반갑고, 그런 후배에게 좀 더 많은 관심을 가지게 된다.

요즘 회사 내에서 멘토 - 멘티 연결 프로그램을 시행하는 경우가 있는데, 이 제도는 인위적인 면이 있기는 하지만, 멘토를 만들려는 개인적인 노력을 줄일 수 있다는 점에서 유용한 점이 많다. 내가 속한 로펌에서도 이 제도를 시행하고 있다. 저년 차 변호사들이 자신이 멘토로 삼고자 하는 선배 변호사를 신청하고, 그 선배 변호사가 승낙하면 멘토 - 멘티 매칭이 된다.

나에게는 3명의 멘티가 있는데 자주 챙겨주지는 못하지만, 그래도 더 관심을 가지게 되고 가끔 식사도 하게 된다는 면에서 좋은 제도라는 생각이 든다. 물론, 멘토-멘티 매칭에서 끝나지 않고 서로 각자의 역할을 하려는 노력 역시 필요하다.

2014년에 여성가족부 사이버멘토링 대표 멘토로 활동하면서 오프라인 멘토링 프로그램을 통해 멘토 - 멘티의 인연을 맺게 된 김지윤,

김하늘, 백하나, 심푸름, 이단비 학생도 제도를 통해 멘토-멘티 관계를 형성한 경우다. 나이 차이도 워낙 많이 나지만 법조계에 관심이 있고 배우려는 열의가 있는 학생들이라 마음이 서로 통했고 아직까지 가끔 연락을 한다. 한 번 멘토는 영원한 멘토라고, 앞으로 이 학생들의 발전과 성장을 위해 조언을 하고 도움을 줄 수 있으면 좋겠다.

멘토는 당신을 진심으로 위해 주고 조언과 도움을 아끼지 않는 후원자이다. 또한, 당신을 더욱 성장시키고 이끌어주는 든든한 지렛대이기도 하다. 일과 육아를 병행하는 워킹맘은 같은 길을 앞서 가고 있는 여자 선배의 소중한 경험과 조언을 통해 업무에서뿐만 아니라 일과 육아 사이의 고충을 풀어가는 해법을 얻기도 한다.

좋은 멘토를 가지려면 그만한 노력을 해야 한다. 먼저 다가가려는 적극성도 필요하고, 받기만 하는 것이 아니라 좋은 멘티가 되려는 노력도 필요하다. 멘토-멘티 관계는 일방적으로 주고받는 관계가 아니라 상호적인 관계이다. 따라서 멘토에게 필요한 사람, 멘토에게 도움을 줄 수 있는 사람이 되는 것도 중요하다. 이런 노력을 통해 나만의 소중한 멘토를 만들 수 있는 것이다.

리더십의 첫걸음은 멘토링부터

05

여성의 약점으로 꼽히는 것 중 하나가 리더십 부족이다. 리더십은 위로 올라갈수록 꼭 필요한 덕목 중 하나이다. 하지만 리더십은 어느 날 갑자기 생기는 것도 아니고, 어느 자리에 올라갔다고 저절로 생기는 것도 아니다. 리더십이 필요한 자리에 올라갔을 때 부랴부랴 관심을 가지고 준비한다면 이미 늦다. 따라서 먼 훗날 일이라 생각하고 남의 일처럼 여길 것이 아니라 직장 초창기 시절부터 리더십에 관심을 가지는 것이 좋다.

가끔 '여자는 리더십이 부족하다'는 신문 기사를 접하거나 주위 남자 동료들의 말을 들을 때가 있다. 여성의 지위와 능력 발휘에 관심이 많은 터라 이런 기사나 말을 들을 때마다 같은 여자로서 기분이 썩 좋지 않다. 남성중에도 리더십이 부족한 사람도 꽤 있는데, 남성의 경우는 '개인'의 문제로 보는 반면, 여성의 경우는 고위층에 여성이 부족하다 보니 몇 명의 단점을 '여성 전체'의 문제로 확대해석한다는 생각에 억울하기도 하다.

내가 지금까지 보아 온 경험으로는, 여성이라고 리더십이 부족한 건 아니다. 법조계 후배나 연수원 제자들을 봐도, 리더십의 자질을 갖춘 여성들이 꽤 있다. 이들의 대략적인 공통점은, 학창시절부터 학급대표나 학생회장 등을 맡아 리더로서의 훈련을 쌓아왔다는 점이다. 내가 후배들에게 자주 이야기하는 '트레이닝론'에 따르더라도, 이런 결과는 당연하다.

『처음부터 잘한 사람은 없다. 처음에는 서툴러도 훈련하듯 계속하다 보면 차츰차츰 실력이 늘고, 더욱더 잘하게 된다.』

중·고등학교 때 계속 임원을 맡아 한 해 한 해 경험을 쌓아간다면, 몇 년간의 트레이닝 과정을 통해 리더십을 계속 발전시킬 수 있다. 이렇게 6년 동안 계속 임원을 맡은 학생과 그렇지 않은 학생의 리더십 차이는 클 수밖에 없다. 출발점은 같더라도 한 해 한 해 차이가 계속 벌어져 '작은 차이가 큰 차이를 만드는 것'이다.

그러나 누구나 학창시절에 리더십을 쌓을 기회를 가지는 것은 아니라서 이런 경험의 차이만을 가지고 미래를 지레 단정할 수는 없다. 학창시절에 이런 경험이 없더라도, 사회에서 다른 방법으로 리더십을 쌓아갈 수 있는 기회는 충분히 있다.

그럼, 어떻게 하면 리더십을 쌓을 수 있을까?

2014년 여성가족부 사이버멘토링 대표 멘토로 활동하면서 공개멘토링을 통해 리더십에 관한 질문을 받았다. 20대 중반 직장인인 질문자는 어느새 자기보다 어린 직원이 들어오기도 하고 자신이 업무를 가르쳐주거나 일을 지시해야 하는 경우가 생기곤 하는데, 어릴 때부터 소극적이고 자신감이 없는 성격 탓에 이런 상황이 조금 힘들다는 것이었다. 친구들은 승진을 꿈꾼다는데, 자신은 누군가를 책임질 위치에 올라선다는 게 너무 무섭고, 자신 같이 소심한 사람은 어떻게 하면 리더십을 키울 수 있느냐고 물었다.

이 질문에 대해 다음과 같이 답했다.

『반갑습니다! 리더십이라고 하면 매우 거창하게 들리지만, 저 역시 처음부터 리더십이 있었던 건 아닙니다. 또한, 리더십이 어느 자리에 오른다고 해서 갑자기 생기는 것도 아닙니다. 따라서 리더십에 관심이 있으신 분이라면 지금부터 조금씩 리더십에 관심을 가지고 노력을 하는 것이 좋습니다.

저는 리더십의 첫걸음은 '멘토링'이라고 생각합니다.

대학 시절부터 워낙 후배들을 잘 챙기는 성격이었고, 사회생활하면서도 계속 후배들을 챙겨 오다 보니까 저도 모르는 사이에 리더십이 쌓아지는 것을 알 수 있었습니다. 후배들의 고민을 들어주고, 또 저의 경험을 바탕으로 좋은 이야기를 해 주다 보니, 어느새 따르는 후배들이 많아지고, 리더십이 조금씩 쌓여져서 '리더십이 있다'는 이야기를 듣게 되었던 것 같습니다.

단언컨대, 리더십은 어느 날 갑자기 생기게 되는 능력도 아니고, 어느 자리에 올라갔다고 저절로 생기는 것도 아니다. 트레이닝하듯 차츰차츰 쌓아가다 보면 어느새 상당한 경지에 오른 자기 자신을 발견할 수 있다.

리더십이 있다는 평가를 듣는 나 자신을 뒤돌아본 결과 그 시작은 '멘토링'이었음을 알 수 있었다. 후배들 만나는 것을 좋아하고, 만나다 보면 자연스럽게 고민도 들어 주고 내 경험에서 우러난 조언도 해 주게 되고, 이런 생활이 한 해 한 해 쌓여 20년 이상 지나다 보니 어느새 상당한 리더십을 쌓은 나 자신을 발견할 수 있었다. 대학교 2학년 때 신입생으로 만난 1학년 후배들 몇 명을 챙기면서 시작한 멘토링의 길. 그 후 사회생활을 거치면서 10명, 20명, 50명을 거쳐 100명이 되고, 지금은 정확히 수를 헤아릴 수 없을 정도로 다양한 많은 후배들을 두게 되었다.

특히, 부장판사가 되어 배석판사를 지도하고, 사법연수원 교수로 연수생들을 지도하면서 리더십이 한 해 한 해 부쩍 성장함을 스스로 느낄 수 있었다. 사법연수원 교수로 매년 60~70명의 제자들을 지도하면서 '남을 가르치는 것을 통해 나 자신도 많이 배우고 성장하는구나'

는 사실을 실감했다. 연수생들을 지도하면서 나 역시 인격적으로도 많은 성장을 하고, 리더십에도 한층 더 눈뜨게 되었다는 점에서, 사법연수원 교수로서의 경험은 내게 무척 소중하다.

리더십과 관련해서 여성 후배들에게 해 주는 말 중 또 하나는 '자신만의 리더십을 가지라'는 것이다. 리더십의 방법에는 여러 가지가 있고, 여기에 정답은 없다. 전에는 강력한 리더십, 남성적인 리더십을 가진 사람이 리더십이 있다고 평가되었다면, 지금 전 세계적인 추세는 '배려의 리더십', '부드러운 리더십'이다. 술자리에서 폭탄주 돌리고, '으샤으샤~' 하는 것이 리더십은 아니다. 요즘 리더십의 추세가 '배려', '부드러움', '세심함'과 가깝다는 점에서 여성들은 자신의 장점을 충분히 살리는 자신만의 리더십을 충분히 만들 수 있다.

멘토링을 통해 내가 찾은 나만의 리더십은, "진정으로 그 사람을 아끼고, 그 마음이 전해져서 그 사람으로 하여금 즐거운 마음으로 스스로 열심히 일하게 하는 것"이었다. 멘토링은 상대방에 대한 관심에서 시작한다. 아무리 일과 육아로 바쁜 워킹맘이라도 후배에 대한 작은 관심을 가지자. 그리고 간간이 틈을 내 멘토링의 시간을 가지자. 이런 노력을 조금씩 하다 보면, 어느덧 자신만의 리더십을 가지게 될 것이다.

잘한 일은 홍보하라

06

여성은 자신의 공을 잘 드러내지 않는 경향이 있다. '내가 굳이 말하지 않아도 위에서 알아주겠지'라고 생각하고, 자신의 공을 드러내는 것을 점잖지 않은 일이라 여긴다. 과연 그럴까? 현대는 '오른손이 하는 일을 왼손이 모르게 하는 시대'가 아니다. 쑥스럽더라도 스스로 홍보대사가 되어야 한다.

주위에 자기 홍보를 무척 잘하는 남자 후배 판사가 있다. 일도 열심히 하고, 주위 판사들과의 관계도 무척 원만한 그 후배는 가끔 법원장님을 뵐 때마다 그 짧은 틈을 이용해 자신이 얼마나 후배 배석판사들을 잘 챙기는지 등을 말씀드리곤 한다. 꼭 그래서는 아니겠지만 어쨌든 그 후배는 법원의 중요 보직을 맡고 있다.

지금까지 사회생활을 하면서 얼굴 붉히지 않고 자기 홍보를 스스럼

없이 하는 여성보다는 남성을 훨씬 자주 볼 수 있었다. 어찌 보면 남성과 여성의 기질적인 차이라고 보일 정도로 여성은 지나치게 겸손한 면이 있다.

공익요원으로 몇 주간만 군대 훈련을 받아놓고는 모르는 사람이 들으면 마치 해병대라도 다녀온 것처럼 부풀려 이야기하는 남성들이 꽤 있는 것을 보더라도 그렇다. 반면 여성들은 아이를 낳으면서 하늘이 노랗게 보일 만큼 큰 진통을 겪으면서도 얼마나 출산의 고통이 큰지를 잘 드러내지 않는다. 갓난아이를 보느라 밤에 제대로 잠도 못 자고 모유 수유를 하느라 그렇게 고생하면서도 그런 티를 잘 내지 않는다.

일을 잘하지 못하면서도 자기 홍보에 열 올리고, 다른 사람이 한 일을 마치 자신의 공인 양 공치사하는 경우에는 '빈 수레가 요란하다'는 핀잔을 듣기 쉽다. 그러나 아무리 세심한 상사라도 아랫사람의 일거수일투족을 세세히 알기 어렵기 때문에 힘든 일을 해냈거나 하는 경우에는 과감하게 생색을 내는 것이 좋다.

또, 거의 마주치기 어려운 윗분이라면 잠시 뵙는 기회에 자신이 잘한 일을 너무 티를 내지 않고 자연스럽게 말씀드리는 것도 좋은 방법이다. 위로 올라갈수록 아랫사람을 세세히 알기 어려우므로 잠시 뵙는 기회를 이용해 자신을 각인시키는 것도 필요하다.

나 역시 사회생활을 하면서 이런 요령을 조금씩 체득했는데, 내 경우 주로 '보고'를 통해 내가 잘한 일을 자연스럽게 알리는 편이다. 몇 년 전 형사항소부에 근무할 때 일이다. 당시 담당 재판부에 형사항소부 최장기 미제사건이 있었는데, 피고인의 건강상태 때문에 10년 이상 재판을 하지 못한 사건이었다. 사건이 워낙 오래되다 보니 법원장님이나 수석부장판사님이 이 사건에 관심을 가지실 수밖에 없었는데, 문제는 사건을 처리할 뾰족한 방법이 없었다는 것이었다.

형사재판은 반드시 피고인이 법정에 출석하는 것을 원칙으로 하는데, 피고인의 건강상태로 몇 년 전 재판부에서 공판절차를 정지한 이후 계속 공판절차 정지 상태로 있다 보니 재판을 진행할 수 있는 상황이 아니었다. 어떻게 해야 하나 여러 가지 궁리를 했지만, 피고인의 건강이 전혀 나아지지 않다 보니 공판절차 정지를 그냥 취소할 수는 없었다. 하지만, '궁하면 통한다'고 했나. 어느 날 다른 형사부 판사들과 이 사건에 대한 고민을 이야기하다가 우연히 사건을 처리할 실마리를 발견하게 되었다. 형사소송법상 '특별대리인' 제도를 활용하면 사건을 처리할 수 있겠다는 생각이 들었던 것이다. 선례는 없었지만, 형사소송법 규정상 가능한 방법이었다.

2월 말에 형사항소부에 부임해서 5월 초쯤 이 사건에 대한 처리방안을 간단한 서면으로 작성해서 수석부장판사님께 보고 드렸다. 최장기미제사건을 처리할 수 있는 적절한 방법을 찾아냈다는 것에 대해 무척 흡족해하셨다. 재판까지는 여러 절차를 거쳐야 했기 때문에 처음 보고 후 사건처리까지 3개월 정도 걸렸는데, 그때그때 진행 상황을 당연히 수석부장판사님께 보고 드렸다.

사건처리의 하이라이트는 '찾아가는 법정'이었다. 피고인이 건강 때문에 도저히 법원에 나올 수 없는 상태라 발상을 전환해서 재판부에서 피고인이 입원해 있는 병원을 방문해서 재판을 하기로 한 것이다. 법원 밖에서 재판을 하려면 법원장님의 허가를 받아야 한다. 재판을 앞두고 그동안의 진행 상황과 관련 법령을 정리해서 법원장님께 보고를 드리면서 법정 외 재판 허가를 받았다.

재판부가 피고인이 있는 곳으로 찾아가서 재판하는 적극적이고 능동적인 방법에 대해 법원장님이 많은 칭찬을 해 주셨다. 또한, 덕분에 형사항소부 최장기미제사건을 처리할 수 있었고, 그해 12월에 열린 형사부 판사 회의에서 이 사건을 모범적인 사건처리 사례로 발표할 수 있었다.

만약 이런 보고 과정을 거치지 않았다면, 법원장님이나 수석부장판사님은 '전 판사가 오래된 사건을 처리했구나'라고만 단순히 알고 계시고, 어떤 방법으로 처리했는지에 대해서는 잘 모르실 수 있었을 것이다. 그런데 처리방안이나 진행 상황을 그때그때 나로부터 보고받으시다 보니 자연스럽게 적극적이고 능동적인 일처리 과정을 알게 되시고, 이런 점에 대해 좋은 평가를 해 주셨다.

이런 보고 과정은 자신이 맡은 재판 업무를 독립해서 처리하는 법원의 속성상 꼭 해야 하는 것도 아니고, 재판장이 사건처리 과정에 대해 보고하는 것이 오히려 극히 드문 경우에 속한다. 중요사건이다 보니 직접 뵙고 좀 더 자세히 말씀드리는 것이 좋겠다는 나 스스로의 판단으로 중간중간 법원장님이나 수석부장판사님을 뵙고 말씀드렸던 것이다. 법정 외 재판 허가 역시 형사과를 통해 법원장님께 결재를 요청하면 되는 것이라 굳이 직접 뵙고 결재를 받지 않아도 되지만, 흔한 경우가 아니다 보니 직접 뵙고 말씀을 드렸다. 또, 의도한 건 아니지만, 그 과정에서 업무처리방식에 대해 좋은 평가를 받을 수 있었다.

세상은 내가 잘한 일을 반드시 알아주는 것이 아니다. '굳이 말하지 않아도 위에서 알아주겠지' 하고 생각하는 건 착각이다. 칭찬받고 인정받을 만한 일을 했을 때 너무 겸손을 떨 필요는 없다. 낯간지럽더라도 자기 홍보는 필요하다. 홍보는 자신의 진정한 노력을 알리고, 능력을 인정받는 하나의 방법이기도 하다.

나를 위한 위원회를
만들어라

07

직장에서의 발전을 꿈꾸는 워킹맘이라면 경우에 따라서는 전략적일 필요가 있다. 아무리 열심히 해도 누가 알아주고 인정해 주지 않는다면 발전의 기회를 얻기 어렵다. 누구의 지도나 도움 없이 혼자만의 힘으로 큰 발전을 이루기는 쉽지 않다. 따라서 스스로 열심히 하는 것 외에 회사 내에 직장 상사, 동료, 후배 등 다양한 지원군이 필요하다. 멀리 가려면 함께 가야 한다.

몇 년 전 리더십의 대가이며 하버드대학교 경영대학원의 교수인 린다 힐의 인터뷰 기사를 읽은 적이 있다. 그 인터뷰에서 힐 교수는 뛰어난 보스가 되기 위한 방법으로 세 가지를 제시했다. 첫째, 자기 자신을 관리하고, 둘째, 인맥을 관리하고, 셋째, 팀을 관리하라는 것이었다. 그중 흥미를 끌었던 것은 인맥 관리 방법이었다. 힐 교수는 인맥 관리

방법으로 '자신을 위한 이사회를 만들라'고 조언했다. 나에게 뭔가를 가르쳐 줄 사람, 회사 안의 소식을 알려줄 사람, 새로운 일에 도전할 때 방패막이가 되어 줄 사람 등이 필요하다는 것이었다.

전략적인 면이 상대적으로 약한 여성들에게 힐 교수의 이런 조언은 시사하는 바가 크다. 이 기사를 읽고 '세계는 하나'라는 것을 다시 한 번 실감했다. 유리 천장이 우리나라에만 국한된 현상이 아니듯이, 인맥 역시 사람 사는 곳이면 어디서나 자연스럽게 형성되고 사회생활에 영향을 미치는 중요요소라는 사실을 다시금 확인할 수 있었다.

자신을 위한 이사회는 다시 말해서 회사 내에서 나에게 관심을 가지고, 내 발전을 진심으로 위하고 도와주는 사람들이 필요하다는 의미이다. 사람 사는 세상에서 혼자만의 힘으로 이룰 수 있는 것은 그리 많지 않다. 큰 발전을 이루기는 더군다나 쉽지 않다. 붙고 떨어지는 시험도 내가 열심히 해서 순전히 나 혼자만의 힘으로 합격했다고 생각하는 사람들이 있지만, 내 경험으로는 그렇지 않다.

예전에 사법시험을 보던 때의 일이다. 기독교 신자이신 어머니는 2차 시험을 앞두고 새벽마다 교회에 나가셔서 100일 기도를 하셨다. 불교 신자시던 외할머니는 2차 시험을 몇 주 앞두고 시골에서 올라오셔서 며칠간 머무르시면서 나를 위해 지극정성으로 기도해 주셨다. 당시는 주택에 살 때였는데 독서실에서 늦게까지 공부하고 집에 돌아왔을 때 담 아래에 뭔가를 두시고 두 손을 모아 정성을 다해 기도드리시던 외할머니 모습이 아직도 선하다.

그때도 그렇고 지금도 나 혼자의 노력으로 어려운 사법시험에 합격

했다고는 절대로 생각하지 않는다. 나의 노력과 가족들의 헌신적인 정성이 있었기에 좋은 결실을 볼 수 있었다. 당시 외할머니는 간혹 점(占)을 치러 다니셨는데 연초에 내 점을 치러 가셨더니 '시험에 떨어진다'고 했다고 한다. 차마 이 말을 나와 엄마에게는 못하시고 속앓이를 하시면서 정성 들여 기도해 주셨다.

공부는 본인이 하는 것이지만 힘들 때 가족의 따뜻한 말 한마디가 큰 힘이 되고, 힘든 투정도 받아주는 가족이 있었기에 결코 쉽지 않은 과정을 견딜 수 있었다. 사실 시험공부를 하면서 '떨어지면 어떡하지' 하는 걱정은 누구나 한다. 공부량이 많아도 걱정은 된다. 다섯 손가락에 들 정도로 우수한 성적으로 사법시험에 합격한 사법연수원 동기도, 시험공부를 하면서 떨어질까 봐 걱정돼 여자 친구 앞에서 울었다고 나중에 실토할 정도로 누구나 시험에 떨어지는 걱정을 하기 마련이다. 이때 가장 큰 힘을 주고 자신감을 주는 것은 단연 가족이다.

이런 경험 탓에, 사법연수원 교수 시절 제자들에게 '혼자 잘나서 사법시험에 합격한 것이 절대 아니다. 가족들의 정성이 있었기에 오늘이 있는 것이고, 가족들에게 감사한 마음을 가져야 한다'고 말하곤 했다.

이런 가족과 같은 마음으로 나를 진정으로 위해주는 사람이 회사 내에 있다면 회사 생활은 쉬워질 수밖에 없다. 격려해 주고, 따뜻한 말 한 마디를 건네주는 것만으로도 힘이 난다. 내가 회사에서 어려운 일을 당할 때 나를 위해 발 벗고 나서줄 수 있는 사람, 고민거리가 있을 때 마음을 터놓고 상의할 수 있는 사람, 갑자기 어떤 일을 시켜야 할

때 나를 위해 기꺼이 시간을 내줄 수 있는 사람, 회사의 고급정보를 알
려줄 수 있는 사람 등등 든든한 지원군이 있다면 회사생활을 좀 더 알
차게 할 수 있고, 더 큰 발전을 이룰 수 있다.

'나를 위한 위원회'를 만든다면 위원장은 나를 아끼고, 일을 가르
쳐 주고, 직장 생활의 노하우를 전수해 주는 직장 상사일 가능성이 크
다. 회사 내 멘토 역시 당연히 위원회 구성원이다. 위원회에는 상사뿐
만 아니라 동료와 후배도 필요하다. 내가 고민거리가 있을 때 마음을
털어놓고 이야기 나눌 수 있는 사람, 스트레스를 받을 때 마음 편하게
수다를 떨거나 술잔을 기울이면서 내 하소연을 들어줄 수 있는 사람은
역시 친구와 같은 직장 동료이다.

내게 충성심을 보이는 후배 역시 필요하다. 위원회에는 나를 이끌
어줄 수 있는 사람과 어려울 때 내 편을 들어줄 사람이 반드시 있어야
한다. 어느 자리에 나를 추천해 주고, 내 발전을 이끌어줄 수 있는 사
람, 곤란한 처지에 처했을 때 나를 옹호해줄 수 있는 사람이 꼭 필요하
다. 멘토와 멘티 관계가 일방적인 관계가 아니라 상호관계이듯, 위원
회 구성원들과의 관계 역시 주고받는 관계가 되어야 한다. 내가 그들
을 든든한 지원군이라 생각하듯, 나 역시 그들의 든든한 지원군이 되
어 주어야 한다.

위원회에는 회의가 필수지만, '나를 위한 위원회'는 회의가 필요
없다. 구성원들끼리는 누가 위원회에 들어가 있는지 모른다. 심지어

자신이 위원회 구성원인 사실도 까맣게 모른다. 이 위원회는 가상의 위원회이다. 구성원으로 영입하는 데 상대방의 동의나 승낙도 필요 없다. 구성원도 수시로 변할 수 있다.

당신의 머릿속에만 존재하는 이 위원회에 누구를 포함시킬지 생각해 보라. 그리고 빈자리가 있다면 누가 가장 적임자인지 생각해 보고, 그를 지원군으로 만들기 위해 노력하라. 때로는 전략적이어야 한다.

시간을 경영하라

08

바야흐로 시간 경영 시대이다. 바쁜 현대 사회에서 직장인들은 시간을 효율적으로 관리하려고 노력하기 마련이다. 일과 육아를 병행하는 워킹맘에게 이런 노력은 더욱 필요하다. 일과 육아 사이에서 자신에게 주어진 24시간을 효율적으로 배분하고 활용하면 '25시간' 같은 하루를 보낼 수 있다.

야근이 부담스럽지 않은 대다수 남성과 비교하면 워킹맘은 되도록 야근을 피하려고 노력한다. 특히, 아이가 어린 경우 퇴근 시간이 가까워져 올수록 마음과 손발은 더 바빠진다. 퇴근 시간에 맞춰 가까스로 일을 마치고 한숨을 돌리기 무섭게 급히 서두르는 퇴근길. 머릿속은 집에 가서 해야 할 여러 가지 일들로 바삐 돌아간다. 워킹맘에게 퇴근이란 또 다른 출근이다. 저녁 챙기기, 설거지, 아이 숙제 봐주기 등 해

야 할 일이 산더미다. 그래도 엄마를 반기는 아이의 백만 불짜리 미소
는 이 모든 일을 가능하게 하는 최고의 피로회복제이다.

직장에서 일 처리가 늦어지면 퇴근은 늦어질 수밖에 없다. 또, 집에
서도 할 일이 밀리면 잠자리에 드는 시간이 늦어질 수밖에 없다. 잠이
부족하면 피로가 쌓이기 마련이다. 따라서 될 수 있으면 퇴근 시간 안
에 일을 마치고, 집에서도 너무 늦게 잠들지 않기 위해 시간을 효율적
으로 관리해야 한다.

전에 법원에 근무할 당시 매일 야근하는 동료 판사가 있었다. 밤 9
시나 10시 정도까지 야근하는 것이 아니라 12시를 넘기는 날이 많았
다. 새벽까지 일하는 날도 있었다. 곁에서 보면, 판사의 직분을 다하기
위해 일신의 편안함을 포기하고 일에 매진하는 것으로 보이지만, 매일
야근의 비결은 다른 곳에 있었다. 남들이 퇴근한 다음에야 비로소 본
격적으로 일을 시작하는 업무스타일이 매일 야근을 초래한 것이었다.

이 판사는 신기하게도 퇴근 시간 전에는 슬렁슬렁 시간을 보냈다.
일도 천천히 하고, 신문보기, 이메일 체크, 전화, 인터넷 검색 등 근무
시간을 무척 여유롭게 보냈다. 다른 방 마실 가기도 빼놓을 수 없는 일
과였다. 6시 넘어 법원 청사가 한산해질 무렵에서야 이 판사는 자세를
가다듬고 책상 앞에 앉았다. 밤이 될수록 눈도 더욱 반짝였다.

그는 조용한 밤의 고요를 즐겼고, 밤의 고요 속에서 일의 집중도가
높아졌다. 퇴근 시간만을 보면 하루 12시간 넘게 일하는 것으로 보이
지만, 실상 일하는 시간은 근무시간 중에 열심히 일하는 판사와 별다
름이 없었다. 다시 말해, 근무시간 중에 일에 집중했다면 굳이 늦게까

지 사무실에 남을 필요가 없었다.

반대로, 또 다른 동료 판사는 야근하는 경우가 거의 없었다. 워킹맘인 그 판사는 출근해서 퇴근할 때까지 시간 낭비 없이 강도 높게 일을 집중했다. 신문을 본다거나 옆방에 마실 가는 법도 없었다. 업무와 무관한 개인적인 전화도 삼갔다. 그렇게 강도 높게 일하면서도 아이가 초등학교에서 돌아올 시간이면 자상한 목소리로 아이에게 전화하는 것이 내가 본 유일한 일탈의 시간이었다.

퇴근 시간에는 큰 차이가 있지만, 일하는 시간은 거의 비슷한 두 사람을 보면서 처음에 어떤 업무습관을 들이냐가 평생을 갈 수 있다는 생각이 들었다. 두 사람의 업무습관은 어느 날 갑자기 생긴 것이 아니라 초년 판사 시절부터 비롯된 것이었다. 퇴근 시간에 맞춰야 하는 상황이 근무시간 중 업무집중도를 높일 수는 있지만, 이런 습관을 직장생활 초기부터 들인다면, 나중에 워킹맘이 되어 퇴근 시간을 맞춰야만 하는 상황을 맞더라도 어려움을 겪지 않을 수 있다.

내가 본 워킹맘들은 대부분 직장에서 시간 관리를 효율적으로 하는 편이다. 쓸데없는 데 들이는 시간을 가능하면 줄이고, 업무에 집중해서 가능하면 퇴근 시간 안에 일을 잘 마무리한다. 또, 일하는 중간 틈틈이 전화로 아이를 챙기기도 한다.

워킹맘의 애로사항은, 일과 육아를 병행하다 보니 근무시간 중에 일에 집중하기가 어려운 경우가 있다는 것이다. 학부모 총회, 참관 수업, 선생님 면담 등 아이 교육 관련해서 잠깐 외출해야 경우가 있다.

회사의 사정상 시간을 내기 어려운 상황이면 몰라도, 그렇지 않으면 가급적 참석하려고 하는 것이 엄마들 마음이다.

또, 아이 병원 때문에 출근을 조금 늦게 하거나 외출하는 경우도 있다. 이렇게 자리를 비우면 고스란히 일 처리가 늦어져 야근하거나 일을 싸들고 퇴근할 수밖에 없다. 또, 중간에 외출을 하면 일에 리듬이 끊겨 업무효율이 떨어지기도 한다. 어떨 때는, '중간에 방해받을 일 없이 사무실에서 일만 하면 되는 남자들은 좋겠다'는 생각이 들 때도 있다. 워킹맘들은 이런 외출 외에도 일하는 틈틈이 전화로 육아나 집안일을 처리하기도 한다. 멀티플레이어가 되는 것이다.

이렇게 바쁜 워킹맘들이 시간을 효율적으로 관리하기 위해서는, 먼저 해야 할 것과 나중에 해도 되는 것을 잘 구분해야 한다. 매일매일 그날 꼭 해야 할 업무리스트, 또 가사나 육아를 위해 꼭 챙겨야 할 리스트를 작성하는 것도 좋은 방법이다. 이런 리스트는 주 단위나 월 단위로도 작성할 수 있다. 그주나 그달에 꼭 마쳐야 할 일을 한꺼번에 써 놓고 대략 시기를 배분한다.

나는 일과 관련한 것은 주로 일 단위나 주 단위로 리스트를 작성하고, 아이들이나 집안일과 관련한 것은 주로 주 단위나 월 단위로 리스트를 작성한다. 그리고 마친 일은 리스트에서 하나하나씩 지워 나간다. 이렇게 하다 보면 리스트에 적힌 것을 모두 지우는 날이나 주도 있고 그렇지 못한 때도 있다. 100% 완수는 아니더라도, 이런 리스트 작성을 통해 반드시 해야 할 것을 구분하고, 시간 배분의 우선순위를 정할 수 있다. 또한, 우선순위를 정하고 시간을 효율적으로 배분하는 좋은 습관을 들일 수 있다.

　바쁜 시간을 쪼개 쓰는 워킹맘일수록 시간을 효율적으로 사용하는 '시(時)테크'에 관심을 가질 필요가 있다. 재테크를 통해 자산을 불려 가고 경제적 여유를 누릴 수 있듯 알뜰한 시테크를 통해 남들보다 더 생산적인 하루를 보내고, 시간에 끌려가는 것이 아니라 시간을 지배할 수 있다. 알뜰한 시간 관리에서 생기는 자투리 시간을 활용해 자신만을 위한 달콤한 시간도 잠시 즐길 수 있다.

워킹맘에게
네트워킹이란?

09

일과 육아를 병행하는 워킹맘에게 네트워킹은 흔히 말하는 네트워킹 외에 한가지 의미를 더 가진다. 바로 육아 관련 네트워킹이다. 일과 육아 사이의 효율적인 시간 관리가 필요하듯, 일 관련 네트워킹과 육아 관련 네트워킹 사이에서도 분배와 균형이 필요하다.

일과 육아 사이에서 시간을 효율적으로 관리해야 하는 워킹맘들은 상대적으로 네트워킹을 위한 시간을 내기 어렵다. 이런 네트워킹의 부족은 워킹맘들의 경쟁력을 떨어뜨리는 요인이 되기도 한다. 그러나 근무시간에는 열심히 일하고, 퇴근 후에는 열심히 육아에 시간을 배분해야 하는 워킹맘들로서는 이런 한계를 어느 정도 감수할 수밖에 없는 것이 현실이다.

한편, 이런 네트워킹의 열세가 직장 생활 내내 이어지는 건 아니다.

아이가 커 갈수록 육아 부담이 조금씩 줄어들듯, 네트워킹 역시 아이가 커 갈수록 조금씩 교류를 위한 시간적 여유가 생긴다. 사실 어떻게 보면 워킹맘들에게 정작 고민은 일 관련 네트워킹보다는 육아 관련 네트워킹에 있다.

보통 네트워킹이라고 하면, 일 관련 네트워킹을 의미한다. 즉, 회사 내 모임 또는 회식을 통한 네트워킹과 외부 사람들과의 네트워킹을 의미한다. 그런데 워킹맘에게는 이런 네트워킹 말고 또 하나의 네트워킹이 있다. 바로, 아이 친구 엄마들과의 네트워킹이다. 아이를 키우는 엄마 입장에서, 다른 엄마들과의 교류는 무척 중요하다. 아이가 어렸을 때는 엄마들과의 교류를 통해 아이들 사이의 교류가 이루어진다. 따라서 내가 엄마들과 자주 어울려야 우리 아이 역시 친구들과 자주 어울릴 수 있다. 또, 엄마들과의 교류를 통해 운동팀에도 낄 수 있다.

초등학교 때 생기는 공부팀 역시 친한 엄마들 사이에서 만들어진다. 초등학교 저학년 때까지는 아이들을 같이 어울리고 놀게 하는 교류가 대세지만, 초등학교 고학년이 되면 그 의미가 교육 중심으로 바뀐다. 엄마들과의 네트워킹을 통해 공부팀도 짜고, 진학정보나 학원정보도 얻게 되는 것이다.

워킹맘에게 일 뿐만 아니라 육아도 중요하듯, 네트워킹에 있어서도 육아 관련 네트워킹 역시 중요하다. 워킹맘들은 회사 내 네트워킹에서 공식적인 회식이나 업무 관련 회식 외에 또래 맘을 위주로 육아와 교육정보를 공유하는 네트워킹의 기회를 활용하기도 한다. 이처럼 육아 관련 네트워킹은 회사 내 또래 맘 사이에서 이루어지기도 하고, 아이 친구 엄마들과 사이에서 이루어지기도 한다.

그런데 아무래도 워킹맘은 다른 엄마들과 자주 어울리기 어렵다 보니 엄마들과의 관계 설정 역시 쉽지 않다. 여기에 워킹맘들의 고민이 있다. 엄마들과의 네트워킹을 통해 아이 친구들도 만들고, 정보도 얻고, 공부팀에도 낄 수 있는데, 그러기가 쉽지 않기 때문이다. 나 역시 네트워킹에 대한 고민이라면 엄마들과의 네트워킹에 있다. 일 관련 네트워킹은 능한 편인데, 엄마들과의 네트워킹은 아직까지도 어렵다.

우선 직장에 매여 있다보니 다른 엄마들과 자주 만나기 어렵다. 누군가와 친해지려면 자주 보고 연락해야 하는데, 그런 시간을 내기 어렵다. 모임을 주도하기도 쉽지 않다. 반 모임에 갈 때면 아직까지도 참 낯설다. 반 아이들 이름도 잘 모르고, 어느 엄마가 누구 엄마인지도 잘 모르다 보니 1년에 몇 번 안 되는 반 모임을 통해 엄마들을 두루두루 알기는 어렵다.

얼마 전 큰 애 학교에서 수행평가와 관련해서 엄마들이 급하게 도울 일이 생겼다. 당일 오전에 같은 모임의 엄마들끼리 스마트폰 메신저로 시간 되는 엄마들이 방과 후에 학교에 가서 아이들을 도와주기로 했다. 그런데 갑자기 생긴 일정이다 보니 나 같은 워킹맘은 모두 못 갔고, 다른 엄마들 몇 명이 수고해 주었다. 이후에 스마트폰 메신저로 다른 엄마들이 올린 사진을 보면서 무척 미안하고, 고마운 마음이 들면서 한편으로는 '이래서 워킹맘은 환영받지 못하겠구나' 하는 자괴감이 스스로 들었다.

엄마들과의 네트워킹이 아직도 서툴지만, 그래도 몇 년간의 경험을 통해 얻은 노하우는 이것이다.

첫째, '양보다는 질'이다. 두루두루 수십 명을 아는 것보다는 친한 엄마 몇 명을 사귀는 것이 훨씬 중요하다. 아이가 초등학교 저학년일 때는 학교 준비물이나 숙제 관련해서 같은 반 엄마에게 물어볼 일이 유독 많다. 그럴 때, 수시로 전화해서 물어볼 친한 엄마가 단 한 명이라도 있으면 된다. 그리고 소모임을 통해 친한 엄마들과 가끔 보거나 연락하는 노력을 들여야 한다. 아이가 어릴 때는 주말을 이용해서 아이들과 같이 보는 것이 시간 내기에도 훨씬 좋다. 아이가 크면 가끔 평일 점심시간이나 저녁 시간을 이용할 수 있다.

얼마 전, 후배들 몇 명을 만난 자리에서 자연스럽게 엄마들과의 네트워킹이 화제에 올랐다. 아이들이 모두 어리거나 초등학교 저학년인 후배들은 바쁜 업무 속에서도 엄마들과의 네트워킹을 무척 중요하게 생각하고 있었다. 아이가 어릴 때는 시계추가 일보다 육아 쪽에 기울 듯 네트워킹 역시 엄마들과의 네트워킹에 좀 더 시간을 들여야 한다는 생각이 들었다.

한편으로는, 학교 준비물이나 숙제, 학교 행사 등 학교생활과 관련해서는 꼭 친구 엄마들에게 묻지 않고 선생님에게 직접 묻는 것도 한 방법이다. 후배 정은 씨는 명쾌하게 말한다.

"매번 아이 친구 엄마한테 묻기만 하니까 저도 마음이 불편하더라고요. 생각해 보니, 학교생활 관련해서는 학교 선생님이 가장 잘 아시잖아요. 아이 숙제나 준비물 관련해서 잘 모르는 것이 있으면 선생님께 문자나 스마트폰 메신저로 여쭤 봐요. 학교 선생님들도 다 워킹맘이시잖아요. 다행히, 아이의 반 담임선생님이 물어보면 잘 알려주세요. 그래서 저는 요즘 친구 엄마들에게 물어보기보다 직접 선생님께 여쭤 봐요.”

둘째, ‘품앗이하는 워킹맘’이 있어야 한다. 서로 바쁜 워킹맘끼리 아이 ‘라이드’도 번갈아 하고, 서로 도움을 주고받을 수 있으면 마음도 편하고, 워킹맘으로서 고충도 나눌 수 있다.

셋째, 교육 관련 정보는 친구 엄마들뿐만 아니라 주로 친한 지인을 통해 얻는다. 주위에 눈을 돌려 보면 친한 사람 중 교육 정보가 풍부한 사람이 있게 마련이다. 나는 주로 선배나 후배 또는 동기 중 3~4명의 정보통을 통해 교육 관련 정보를 얻곤 한다. 전업주부 친구를 통해 이런 정보를 얻을 수도 있다.

일 관련 네트워킹에 관련해서는 아무리 바쁘더라도 직장에서의 회식에는 될 수 있으면 참석하는 것이 필요하다. 직장에서의 회식은 직장 내 네트워킹을 할 수 있는 좋은 기회다. 또한, 동료 간 유대감을 쌓을 기회이기도 하다. 요즘 직장마다 전체 회식 횟수는 그리 많지 않아 직장 회식이 아주 큰 부담이 되지 않는다. 전체 인원이 많다 보면 나 한 명 빠져도 별로 티도 나지 않으니까 빠져도 되겠지 하고 생각할 수 있으나, 이런 자리에 한 번 두 번 빠지게 되면 습관적으로 빠지게 될 수도 있고 직장 동료와도 서먹서먹하게 되어 소외감을 느낄 수 있다.

요즘은 직장에서도 전체 회식이나 부서별 회식을 저녁이 아닌 점심이 되지 않는다. 아이가 어릴 경우, 직장 내 소모임을 통해서 개인적인 네트워킹을 할 수 있는 시간적 여유를 가지기는 어렵지만, 최소한 공식적인 회식에는 참석해서 직장 동료들과 어울리는 기회를 가지라고 권하고 싶다.

워킹맘의 네트워킹에는 일 관련 네트워킹 외에 육아 관련 네트워킹이 있다. 바쁜 시간을 일과 육아에 적절히 배분해야 하는 워킹맘으로서는 네트워킹에 대한 노력 역시 적절히 배분해야 한다. 시계추가 일과 육아 사이에서 왔다 갔다 하듯 네트워킹 역시 아이의 나이에 따라 적절하게 배분하는 지혜가 필요하다.

때로는 쉼표도 필요하다

10

아무리 자기 발전에 관심이 많고 열심인 워킹맘이라도 계속 달리다 보면 지칠 수밖에 없다. 인생은 100미터 달리기가 아니라 마라톤이다. 따라서 멀리 가려면 무엇보다 완급 조절이 필요하다. 때로는 쉼표도 필요하다.

주위로부터 에너지가 넘친다는 이야기를 듣는 사람이라도, 매일매일 팔딱팔딱 뛰는 생선처럼 활력이 넘치기는 어렵다. 또, 아무리 파이팅이 넘치는 성격이라도 매일매일 전사처럼 살 수는 없다. 과하면 넘치는 법. 쉬지 않고 계속 앞으로 나가다 보면 어느 순간 오히려 속도가 떨어지고, 결국은 방전이 된다.

나 역시 몇 년 전 무리를 하다 방전 직전까지 간 적이 있다. 당시 일도 많은 편이었는데, 일주일에 한 번씩 4개월간 로스쿨 강의를 하게 되었다. 개인적으로 강의하게 된 것이 아니라, 소속 법원을 대표해서 강의를 하게 되다 보니 '내가 잘못하면 법원에 누를 끼친다'는 생각에 강의준비도 더 철저히 하게 되었다. 두 가지 일을 병행하다 보니 자연스럽게 야근하는 날이 많아졌다. 게다가 아이들이 어릴 때라 주말 낮에는 주로 아이들을 데리고 가까운 공원으로라도 야외활동을 했다.

결정적으로 무리를 하게 된 것은 주말 글쓰기였다. 책 출간을 위해 글을 쓰게 되었는데, 주 중에는 당연히 시간을 낼 수 없고, 주말에도 아이들을 데리고 다니다 보면 저녁이 돼서야 겨우 컴퓨터 앞에 앉을 수 있었다. 글을 쓰는 게 쉬운 일이 아니다 보니 밤 10시 정도부터 글을 쓰다 보면 어느새 새벽 3~4시가 금방 되었다.

결국, 토요일, 일요일에도 쉬지 못하고 글을 쓰다 새벽이 되어서야 잠자리에 드는 주말이 많아졌다. 그해 후반부에는 일요일 밤에 시작해서 새벽까지 글을 쓰다 4시간 정도만 자고 월요일에 출근하는 경우가 잦아졌다. 일도, 강의도, 글쓰기도 열정을 가지고 해서 그런지 몇 시간 못 자는 날이 많아도 체력적으로 그리 힘들지는 않았다.

몇 개월간이었지만 '25시간' 같은 하루하루를 보내면서 '바빠서 뭘 못 했다는 건 변명에 불과하다'는 걸 몸소 경험했다. 멀티 플레이어 생활을 하면서, 의지만 있으면 못할 것이 없다는 걸 실감했다. 시간보다는 마음이 중요한 것이다. 따라서 아무리 시간이 많아도 의욕이나 마음이 생기지 않으면 할 수 없고, 아무리 바빠도 '꼭 해야겠다'는 의지가 있으면 반드시 해내는 것이다. 최근 10년 간 가장 바쁜 한 해, 또 가장 열심히 살고 생산적이었던 한 해를 보냈다는 보람 역시 컸다.

문제는 짧은 시간 동안 내 모든 것을 쏟다 보니 모든 것을 마친 후에는 내 기가 빠져나간 듯한 기분이 들었다는 것이다. 그런 기분이 든 것은, 그다음 해 2월이었다. 당시는 책의 원고 쓰기를 마무리하고 책 출간을 눈앞에 둔 시점이었다. 책을 써 보기로 결심하고 준비 기간을 거쳐 마무리하는 데 2년 이상 걸리다 보니, 마라톤을 완주한 듯한 보람을 느끼면서도 한편으로 긴장감이 풀리는 기분이 들었다.

또, 2월 법원 정기인사를 앞두고 당시 담당하던 재판부 업무도 마무리하던 시기라 그동안 많은 업무를 대과(大過) 없이 해냈다는 안도감에 마음이 풀렸다. 100미터 달리기를 전력으로 질주한 다음 거친 숨을 몰아쉬는 모습이었다.

100미터를 전력 질주했으니 휴식 없이 바로 다시 뛸 수는 없는 법. 그 전에 배우자휴직을 신청해서 3월부터 6개월간 일에서 떨어져 지낼 수 있었던 건 다행이었다. 전력질주의 후유증이랄까. 내 몸의 모든 기(氣)가 다 빠져나간 듯한 그 시기가 내게는 쉼표가 절실했던 순간이었던 것 같다. 체력적으로 보다는 심적으로 재충전이 절실했다.

그리고 또 한 가지를 깨달았다. '고무줄을 계속 잡아당기면 끊어진다는 것'. 쉬지 않고 계속 무리하다 보면 결국, 끊어져 버릴 수 있다는 그때의 경험은 그 후 완급 조절을 하는 데 좋은 선례가 되었다.

매년 계속 성장하고, 발전해야 직성이 풀리는 사람들이 있다. 그런데 인생에서 매년 상승곡선을 그리기는 어렵다. 오히려 단기간 안에 급성장을 하게 되면 그 여파로 오히려 슬럼프가 길어지는 경우도 있다. 또, 매시간을 생산적으로 보내지 않으면 안 된다는 강박증을 가진 사람들도 있다. 이런 유형의 사람들은, 아무것도 하지 않고 시간을 보내는 것에 대해 일종의 죄책감을 느끼기도 한다.

평소 관찰하고 분석하기를 좋아하는 내가 지금까지 20년 이상 직장 생활을 하면서 느낀 사실은, '매우 굵고, 길기는 어렵다'는 것이다. 활활 타오르는 장작처럼 자신을 돌보지 않고 계속 일하다 보면 오히려 오래가지 못할 수 있다. 그렇다고 해서 끊어지지 않을 정도로 계속 가늘게 직장 생활을 하라는 건 아니다. 때로는 가늘게, 때로는 굵게 직장 생활을 하는 것이 장기전의 비결이고, 그러려면 완급 조절이 필요하다. 때문에, 굵은 시기를 보낸 다음에는 짧은 기간이라도 재충전의 시간을 가져야 한다. 그러지 않으면 끊어져 버릴 수 있다.

아무리 자기 발전과 자기 성장에 관심이 많고 큰 의미를 부여하는 워킹맘이라도 때로는 쉼표가 필요하다. 이때의 쉼표는 2보 전진을 위한 1보 후퇴다. 그림 속 여백이 단순한 여백이 아니라, 그림의 완성도를 높여주고 여백 미(美)를 느끼게 해주는 것처럼, 인생에도 여백이 반드시 필요하다. 쉴 때와 뛸 때를 잘 구분하는 것 역시 직장 생활의 지혜인 것이다.

16년 차 워킹맘이
후배들에게 말하는 조언

Part five

당신이 주인공인 삶을 살아라. 어떤 결정을 내릴 때 남을 위해서가
아니라 당신 스스로를 위한 결정을 내려라. 당신의 꿈을 가꾸고,
꿈을 향해 당당하게 나아가라. 인생의 주인공은 바로 당신이다.

05

인생의 주인공은
나 자신이다

01

엄마로서 희생이 필요하기는 하지만, 누가 뭐라 해도 내 인생의 주인공은 나 자신이다. 따라서 어떤 결정을 내릴 때 다른 사람을 위한 것이 아닌, 나 자신을 중심으로 결정을 내려야 나중에 아쉬움이 남지 않는다. 무엇 때문에 여기까지 왔는지 생각해 보자. 또 내가 어렸을 때부터 꿈꿔왔던 삶이 어떤 것이었는지 생각해 보자. 사회에서 능력을 발휘하고 인정받는 삶에 더 많은 가치를 두어 왔다면, 지금 일과 육아 사이에서 어려움을 겪더라도 반드시 이겨내야 한다.

또 하나, 생각해 볼 것이 있다. '왜 여성만 일과 육아 사이에서 선택을 강요당하는가, 일과 육아 사이에서 왜 여성만 희생을 강요당해야 하는가?' 이런 불합리한 현실을 고쳐 나가기 위해서는, 사회의 인식변화가 필요하다. 즉, 육아는 개인만의 문제가 아니라 사회도 책임을 져야 한다는 사회 전반의 공감대가 형성되어야 한다. 제도 개선도 필요하다. 그러나 또 한편으로는 사회인식 변화의 첫걸음은 가정이 되어야 한다.

'여자는 좋은 남자 만나 결혼해서 애나 잘 키우면 된다'고 생각하는 부모님, '일은 무슨, 애나 잘 키워라'고 생각하는 남편과 시댁. 이런 낡고 고리타분한 생각을 우리 가정에서부터 바꿔야 한다. 그러기 위해서는, 나 스스로 내 인생의 주인공은 나 자신이라는 '주인의식'을 가져야 한다.

육아는 엄마 혼자의 몫이 아니다. 엄마와 아빠 모두에게 육아의 책임이 있다. 따라서 가정 안에서 육아에 대한 역할분담은 반드시 필요하다. 부부간의 대화를 통해서 또는 목소리를 높여서라도 남편으로 하여금 그 필요성을 인식하고 실천하게 해야 한다.

얼마 전 신문에서 이런 기사를 읽었다. 대학 졸업 후 은행에 입사해 근무하다가 첫 아이를 낳고 회사를 그만둔 경단녀 이야기였다. 그녀는 은행을 그만두기 전 대기업에 근무하는 남편보다 월급이 더 많았지만, 양가 부모님 모두 아이를 봐줄 수 없는 상황이라 할 수 없이 은행을 그만두었다. 그 후 둘째를 낳고 두 아이를 키우면서 아이들과 지내는 시간이 보람되고 전업주부 생활에 큰 불만이 없었던 그녀. 어느덧 아이들이 자라 큰 아이가 초등학교 3학년이 되고 어느 정도 육아 부담을 덜게 되자 그녀는 다시 사회로 복귀할 방법을 찾았다.

그러나 경단녀에게 사회의 벽은 높았다. 일을 해 볼까 둘러봤지만 대형마트의 캐셔(cashier) 같은 비정규직 일자리밖에 없는 것이 그녀에게 닥친 현실이었다. 그녀는 요즘 우울증을 앓고 있다. '경단녀로 살아야 하는 현실이 서글프고, 이렇게 살자고 힘들게 공부했나 싶어 우울하다'는 것이 그녀의 말이다.

기사를 읽고 뇌리에 계속 남아 맴돈 것이 '이렇게 살자고 힘들게 공부했나'는 그녀의 말이었다. 요즘 같이 공부 잘하는 여학생들이 넘치는 세상에서 과연 여성들은 왜 그렇게 열심히 공부하고 열심히 학창시절을 보내는 것일까? 결혼 잘해서 편하게 살려고 그러는 걸까? 아마 요즘 20대 여성들 중 결혼을 위해 열심히 공부하고 스펙을 쌓는 사람은 별로 없을 것이다. 대부분의 경우 사회에서 능력을 발휘하고 꽃피우고자 하는 목표와 바람이 최우선순위이다. 그런 목표와 바람을 가지고 있다면, 그 꿈을 쉽게 포기해서는 안 된다. 육아와 병행해 가면서 어떻게라도 일을 놓아서는 안 된다.

기사에서 보듯, 아이는 자란다. 그렇게 끝이 안 보이던 육아의 길도, 아이가 자라면서 무거운 짐이 조금씩 줄어든다. 아이를 몇 년 키우다 사회에 복귀하려는 생각으로 직장을 그만둘 수 있지만, 세상은 내가 생각하는 대로 움직여주지 않는다. 한 번 'OUT'은 영원한 'OUT'이기 쉽다. 양가 부모님이 도와주시기 어렵다면 어린이집이나 육아도우미 등 다른 방법을 강구하고, 육아휴직이나 재택근무제 등 활용할 수 있는 제도를 모두 활용해 가면서 버티는 것이 정답이다.

경우에 따라서는 남편이 육아휴직을 활용할 수 있다. 그러니, 눈앞만 보지 말고 좀 더 먼 곳을 보자. 내가 지고 있는 짐이 지금 너무 무겁다고 내려놓을 생각만 하지 말고, 저 앞에서 훨씬 가벼워진 짐을 지고 가뿐하게 걸어가고 있는 '언니'들을 보자. 뭔가를 이루기 위해서는 인내심이 필요하다. 'No Pain, No Gain'이다.

당신에게 삶의 주인공은 아이도 남편도 아니다. 당신 자신이다. 지금 이 자리까지 오느라 흘린 땀과 열정을 생각하자. 일이 당신에게 주는 의미를 생각해 보자. 어떤 모습으로 40대, 50대를 맞을지도 생각해 보자. 엄마의 역할을 감당하기 위해서 하고 싶은 일을 그만두는 것은 현명한 방법이 아니다.

'정말 후회하지 않을 자신이 있는가, 왜 여성만 이런 고민을 해야 하는가?' 당신이 주인공인 삶을 살아라. 어떤 결정을 내릴 때 남을 위해서가 아니라 당신 스스로를 위한 결정을 내려라. 당신의 꿈을 가꾸고, 꿈을 향해 당당하게 나아가라. 인생의 주인공은 바로 당신이다.

일과 가정의 균형이
해결책이다

02

일이 힘들다면 직장을 그만두는 것이 문제의 해결책이 될 수 있다. 그런데 육아가 힘들다고 과연 직장을 그만두는 것이 진정한 해결책일까? 물론, 육아가 힘들다고 아이 키우는 걸 포기할 수는 없다. 아이가 어릴 때는 엄마가 곁에 있어 주는 것이 아이에게 도움이 된다. 그러나 엄마가 평생 아이 곁에 있어 주어야 하는 건 아니다. 마치 아기 새가 날지 못할 때는 둥지에서 어미 새가 물어다 주는 먹이를 받아먹으면서 지내다가 날게 되면 어미 새를 떠나는 것처럼, 계속해서 자식을 품에 안고 살 수는 없다.

아이가 엄마나 다른 보육자의 절대적인 도움을 필요로 하는 시기는 주로 만 3세 때까지다. 이때 곁에서 아이를 보살피기 위해 잘 다니던 직장을 그만두고 불안한 경단녀의 길을 걸을지를 결정할 때는 여러 가지를 고려해야 한다. 그리고 얻는 것과 잃는 것 사이에서 비교 형량을 해야 한다. 얻는 것은, 단연 안정적인 육아환경이다. 엄마가 곁에서 돌봐주는 것만큼 아이에게 좋은 건 없다. 정서적으로 안정감 있게 자랄 수 있고, 엄마와 아이 사이의 애착 관계 형성 역시 수월하다. 또한, 엄마들과의 네트워킹을 통해서 아이가 친구들과 어울릴 기회를 많이 가질 수 있다.

잃는 것은 무엇일까? 아이가 엄마의 손길을 절대적으로 필요로 하는 시기에는 크게 잃을 건 없다. 그런데 문제는 아이가 자라면서 점점 육아 부담이 줄어들 때 나타난다. 경력 단절이 2~3년 이내면 사회 복귀가 그리 어렵지 않지만, 그 이상 되면 한번 경단녀는 영원한 경단녀가 되기 쉽다.

아이 친구 엄마들 중에도 아이 때문에 직장을 그만두었다가 아이가 좀 자란 다음 일을 하는 엄마가 있다. 그런데 중간 공백이 있다 보니 직장 취업은 못 하고 프리랜서로 집에서 조금씩 일을 하는 정도다. 한번 직장을 그만두면 이 엄마처럼 프리랜서 형태로 일하기가 쉬운데, 일의 안정성이나 발전 가능성 면에서 성에 차지 않을 수 있다.

자신의 능력발휘를 중요하게 생각하는 여성이라면, 직장을 그만두는 순간 자신감을 잃고 삶의 활력도 상실할 수 있다. 경력 단절 기간이 길어질수록 '내가 이렇게 살려고 그동안 열심히 공부했나' 하는 생각에 무력감을 느낄 수 있다.

무엇보다도 육아 때문에 자신을 희생했다는 생각에 아이를 통해 보상받으려는 심리를 가질 수 있다. 그런데 엄마가 곁에 있다고 아이가 공부를 더 잘한다거나 명문대에 진학하는 건 아니다. 엄마의 정보력이 아이의 성적에 영향을 미친다지만, 어쨌든 공부는 아이가 해야 하는 것이지 엄마가 대신해 줄 수는 없다.

그런데 보상심리를 가지게 되면 아이의 성적과 진학에 더 집착하게 되고, 이 때문에 아이와의 관계가 나빠질 수도 있다. 직장을 그만두게 되면 자신의 성공을 평가할 대상이 가정으로만 국한되다 보니, 아이가 공부에서 원하는 결과를 얻지 못했을 때, '내 인생은 실패했구나' 하는 패배감에 사로잡힐 수 있다.

반드시 명심할 건, 내가 직장을 그만둔다고 아이가 잘되고, 내가 직장에 다니기 때문에 아이가 잘못되는 건 아니라는 점이다. 일도 열심히 하면서 아이도 잘 키우는 워킹맘은 얼마든지 많다. 아이를 명문대에 보낸 워킹맘들도 많다.

아이에게 중요한 건 엄마와 같이 보내는 시간의 양이 아닌 관심과 사랑이다. 아이는 부모의 정성으로 자란다. 정성으로 말한다면, 워킹맘도 여느 엄마 못지않다. 곁에 붙어있지 못하더라도 아이에게 정성을 들이고, 관심과 사랑을 쏟으면 되는 것이다. 때문에, 직장을 그만두고 육아에 전념하는 것이 능사는 아니다. 문제는 바쁘다는 핑계로 아이에게 충분한 관심과 정성을 들이지 않은 데 있다. 즉, 일과 가정 사이에서 균형이 깨졌을 때 이런 문제가 발생하는 것이다.

따라서 문제의 해결책은 일과 가정 사이의 균형을 유지하는 데 있다. 시계추가 왔다 갔다 하듯 아이의 나이에 따라 시계추가 가정 쪽에 더 기우는 시기도 있고, 일 쪽에 더 기우는 시기가 있다. 그런데 아이가 어린데도 시계추가 일 쪽에 더 기울어 있을 때, 또 아이가 커서 육아 부담이 줄어들었더라도 시계추가 적당한 범위를 넘어 너무 일 쪽에 치우쳤을 때 육아 문제가 발생할 수 있다.

과연 일을 그만두는 것이 근본적인 해결책일까? 일과 가정 사이의 균형이 깨졌다고 문제 해결을 위해 직장을 그만두는 건 빈대 잡으려다 초가삼간 태우는 꼴이다. 진정한 해결책은 일과 가정 사이의 균형을 꾸준히 유지하는 데 있다. 그러므로 워킹맘은 일과 가정 사이의 균형을 유지하려고 항상 노력해야 하는 것이다.

육아는
공동책임이다
03

2014년 우리나라 여성 한 명당 출산율은 1.21명으로 조사되었다. 2014년 총 출생아 수는 43만 5,400명으로 2013년 43만 6,500명보다 0.2% 감소했다. 이 수치는 통계가 작성된 1970년 이래 2005년 43만 5,000명에 이어 두 번째로 낮은 수치다. 이런 낮은 출산율을 높이기 위해 정부에서 이런저런 대책을 내놓고 있지만 아직까지 별 효과를 보지 못하고 있다. 이제 육아를 개인의 문제로 보는 시대는 지났다. 육아는 개인만이 부담할 문제가 아니다. 가정과 사회 모두 책임의식을 가지고 관심을 가져야 한다.

일하는 여성의 육아를 지원하기 위한 대책에는 여러 가지가 있다. 유연근무제, 육아휴직 제도, 남성의 육아휴직 활용, 어린이집 입소순위 변경, 초등돌봄교실, 탁아시설 확충 등 국가·사회적으로 육아 지원제도를 점차 늘려가고 있다. 그런데 아무리 제도가 좋아도 제대로 활용하지 못한다면 그림의 떡일 뿐이다. 제도도 필요하지만, 그 제도가 정착되지 않으면 있으나 마나 한 결과가 올 수 있다.

대표적인 것이 육아휴직 제도다. 전보다 많이 보편화되기는 했지만, 아직까지도 육아휴직이 남 이야기인 직장이 여전히 많다. 남녀고용평등과 일·가정 양립 지원에 관한 법률(이하 '법'이라고만 함)에서는 "사업주는 근로자가 만 8세 이하 또는 초등학교 2학년 이하의 자녀를 양육하기 위하여 휴직을 신청하는 경우에 이를 허용하여야 한다"고 규정하고 있다. 다시 말해, 해당자가 요구하면 직장에서는 이를 허가하고 말고 할 권리가 없는 것이다. 그런데 과연 그럴까?

어떤 직장에서는 '육아휴직을 하려면 아예 회사를 관둬라'고 공공연히 말하는 곳이 있다. 또, 그런 건 아니라도 나의 육아휴직으로 다른 동료들에게 업무가 가중될 것이 뻔하다 보니 미안한 마음에 차마 육아휴직을 못 하는 경우도 있다.

무엇보다도, 사실상 육아휴직을 용인하지 않는 직장 분위기가 육아휴직을 그림의 떡으로 만들고 있다. 육아휴직을 '정신력 부족'으로 여기거나 '승포자(승진을 포기한 자)'로 여기는 직장 분위기, 특히 이런 생각을 하는 직장 상사가 존재하는 한 워킹맘들은 감히 육아휴직을 신청할 엄두를 내지 못한다.

육아 휴직자에 대한 불이익도 문제다. 육아 휴직자에게 가장 낮은 평점을 주거나 발전의 기회를 주지 않는 현실이 육아휴직 신청의 발목을 잡는다. 심지어, 육아휴직을 이유로 해고나 그 밖의 불리한 처우를 해서는 안 된다는 법 규정을 어기고 육아휴직 중 해고를 하는 경우도 있다.

한때 법원도 육아휴직을 다른 휴직과 똑같이 취급해서, 육아휴직을 하게 되면 동기 판사들 중 서열이 가장 뒤로 밀려나는 때가 있었다. 육아휴직을 실 근무시간에 포함하지 않다 보니 육아휴직 기간 만큼 동기 판사들보다 실 근무 기간이 적어지기 때문이었다. 그러던 것이 2000년대 중반 들어 육아휴직으로 인한 일체의 불이익이 없어졌다. 실 근무 기간에서 빠지는 다른 휴직과는 달리 육아휴직 기간도 근무 기간에 모두 포함되었고, 육아휴직을 하더라도 서열에서 밀려나는 일이 더 이상 발생하지 않게 되었다.

이때를 기점으로 여판사들의 육아휴직 신청이 폭발적으로 늘어났다. 1990년대에 판사생활을 시작한 또래 여판사들 중 육아휴직을 사용한 사람은 나 빼고는 거의 없다. 그런데 2000년대에 판사생활을 시작한 후배 판사들을 보면 짧게는 1~2개월부터 길게는 1년까지 대부분 육아휴직을 사용한 경험이 있다. 인사상 불이익이 있느냐 없느냐가 육아휴직의 활용도에 어떤 영향을 미치는지를 단적으로 보여주는 예인 것이다.

육아휴직 기간에 엄마들은 노는 것이 절대로 아니다. 나이가 어린 아이를 돌보는 것보다 차라리 직장에 나가 일하는 것이 더 낫다는 것을 겪어본 사람은 안다. 워킹맘들의 특징은, 쉴 시간이 있어도 자신을 편히 두지 못한다는 점이다. 편히 쉬는 것을 심지어 '죄스럽게' 생각하기까지 한다. 출산휴가에 연이어 몇 달 육아휴직을 하는 동안 아이를 정성스럽게 돌보고, 한편으로는 출산으로 떨어진 체력을 보충해 가며 직장에 복귀했을 때 정상적으로 일할 수 있는 건강상태를 만드는 것이지, 편하게 놀고먹는 것이 아니다.

또, 아이의 초등학교 입학에 맞춰 육아휴직을 한 경우는 아침에 아이를 학교에 데려다준 다음 바로 엄마들과의 모임을 통해 네트워킹하고, 아이 하교 후에는 아이 뒷바라지하느라 편히 쉴 틈이 별로 없다.

육아휴직은 일과 육아를 양립하기 어려운 상황에 있는 워킹맘에게는 수명을 연장시키는 산소통과도 같은 존재다. 육아 때문에 직장을 그만두어야 하나 마나를 고민할 때, 삶과 죽음을 넘나드는 환자의 생명을 구하듯 직장 생활을 연장시키는 역할을 하는 것이다. 법률에 정해진 대로 육아휴직을 그대로만 사용할 수 있다면 경단녀의 수는 많이 줄어들 것이다.

남성의 육아휴직 역시 마찬가지다. 남성의 육아휴직이 차츰 늘고 있지만, 아직 전체 육아 휴직자 중 4.5% 정도로 미미한 수준이다. 육아휴직이 보편화되어 출산 후 엄마가 1년간 육아휴직을 하고, 뒤이어 아빠가 1년간 육아휴직을 하면 어떨까? 육아 때문에 어쩔 수 없이 직장을 그만두는 워킹맘은 현저히 줄어들 것이다.

페이스북의 최고경영자인 마크 주커버그는 얼마 전, 딸이 태어나면 2개월간 육아휴직을 하겠다고 밝혔다. 또, 2016년부터 모든 페이스북 정규직 직원들은 아이를 낳거나 입양한 해에 남녀 불문하고 4개월의 유급 휴가를 자유롭게 사용할 수 있도록 했다. 우리나라에서도 이렇게 남자 최고경영자나 임원이 먼저 솔선수범해서 육아휴직을 사용하면 어떨까?

얼마 전 통계청이 발표한 '2015년 사회조사 결과'에 따르면 응답자의 47.5%가 여성 취업의 가장 큰 장애 요인으로 육아 부담을 꼽았다. 2014년 여학생의 대학진학률은 74.6%로 남학생(67.6%)보다 높다. 그러나 취업률은 오히려 남학생이 여학생보다 높고, 이러한 격차는 경단녀가 늘어나는 30대에 가장 큰 격차를 보이고 있다. 낮은 출산율은 우리의 미래와도 직결된다. 그런데 요즘 같이 여성의 사회진출이 점점 늘어나는 시대에 이러한 육아 부담은 저출산으로 이어질 수밖에 없다.

결국, 육아에 사회가 관심을 가져야 하는 것이다. 또한, 경제발전을 위해서도 여성의 경제활동은 매우 중요하다. 여성 경제학을 뜻하는 신조어인 위미노믹스(Womenomics)는 여성(women)과 경제(economics)의 합성어로, 여성의 경제활동 비율이 늘고 경력 단절을 방지하면 경제성장을 이끌 수 있다는 이론이다. 일·가정 양립에 적합한 환경이 출산율을 높이고, 경제성장에도 도움이 된다. 즉, 일·가정 양립에 우리의 미래가 있는 것이다.

여자의 적은
여자가 아니다

04

'여자의 적은 여자'라는 이야기를 간혹 듣는다. 직장 내에서 여자들은 여자 상사보다 남자 상사를 더 선호하고, 여자 상사 역시 여자 직원보다 남자 직원과 일하기를 더 선호한다는 것이다. 또, 여자들은 같은 여자가 잘되는 것을 진심으로 기뻐해 주기보다는 시샘한다는 것이다. 과연 여자의 적은 여자일까?

남자와도 잘 지내고, 여자와도 잘 지내는 편인 내 경험으로는 나이가 많아지고, 특히 결혼해서 아이를 낳고 나서는 여자 동료나 선후배와 더욱 가까워졌다. 공통점이 있으면 더 가까워지는 것이 당연지사. 같은 워킹맘으로 공통화제도 무궁무진하고, 고충도 나누다 보면 친한 사이라도 더 친해진다.

여자 판사가 드물던 초임판사 시절, 따로 불러서 식사를 사 준 선배도 여자 선배 판사였다. 나 역시, 남자 후배도 챙기지만, 여자 후배는 더 챙긴다. 남자들은 학교 선배나 이런저런 지연, 학연으로 사회생활을 어떻게 해야 하는지 조언을 들을 기회가 많지만, 여자들은 이런 기회가 별로 없다 보니 나라도 챙겨야겠다는 생각에서다.

사회에 진출하는 여자들의 숫자가 늘어나다 보니, 직장 내 여자 동료들과의 네트워킹을 통해서 정보를 얻을 수 있는 것도 장점이다. 법원에 근무할 때도 그렇고 로펌 역시 규모가 크다 보니 각자 맡은 분야 외에 다른 곳은 어떻게 돌아가는지 알기 어려운 경우가 많다. 법원에 근무할 때 여판사 모임을 통해 법원 내 소식이나 다른 법원 소식을 들을 수 있었고, 로펌에 와서도 여자 변호사들과의 식사모임을 통해 다른 파트 소식을 듣는다.

이처럼 여자의 적은 여자가 결코 아니다. 다만 아직까지는 여자가 다수가 아니다 보니 서로 당겨주고 밀어주는 힘이 남자들에 비해 약한 건 사실이다. 여자의 사회진출이 늘었다고 하지만, 아직 고위직에는 여성이 무척 드물다. 각 직역의 여성 분포는 피라미드 구조이다. 10년 미만의 경력자가 60~70%를 넘게 차지한다. 10년~20년 경력자는 20~30% 정도로 줄어든다. 일과 육아와의 병행으로 고민하다 회사를 그만두는 것도 원인 중 하나다.

고위직에 여성이 적다 보니 여자 후배들을 끌어줄 만한 힘이 부족할 수밖에 없다. 학연, 지연 등으로 서로 당겨주고 밀어주는 남자들에 비해 여자들은 위로 올라갈수록 더욱 외롭다. 주위에는 경쟁자뿐이고, 우군(友軍) 없이 남자들 사이에서 고군분투하는 것이 현재 고위직 여성들의 현주소다. 누구를 끌어줄 만한 여유 없이 자기 앞가림하기가 바쁜 것이다.

다국적 투자은행인 크레디트 스위스(Credit Suisse Group AG, CSGN)가 2014년 9월 전 세계 36개국 3,000여개 기업의 고위급 경영진 2만 8,000명을 대상으로 여성 임원의 비중을 조사한 결과, 한국은 1.2%로 36개국 가운데 최하위였다. 자신의 목소리를 내고, 누군가를 끌어주기에는 너무나 미미한 숫자이다. 그러나 비록 힘이 미약할지라도 서로 밀어주고 당겨주고자 하는 마음을 가진 여자들은 많다. 서로 돕고자 하는 이런 마음을 '자매애(sisterhood)'라고 할 수 있는데, 내 주위에는 자매애를 가진 사람들이 많다.

10년 이상 된 사회 모임 중 여성 직장인으로 구성된 모임이 있다. 이 모임에는 교수, 디자이너, 방송인, 법조인, 변리사, 사업가, 사진작가, 음악가, 의사, 회사원 등 여러 분야 30여 명의 여성 직장인들이 있는데, 30대 중반에 시작한 이 모임이 올해로 벌써 15년째이다. 처음에는 식사하면서 강연 듣는 전형적인 모임으로 시작했다가 중간에 모임의 성격을 '여자들끼리 편하게 수다 떠는 모임'으로 바꾼 다음 회원들끼리 더 편하고 가까운 사이가 됐다.

그사이 회원들도 각자 자기 분야에서 발전해서 증권회사에 근무하는 회원은 그 사이 차장, 부장을 거쳐 지점장이 됐고, 대기업에 근무하는 회원 역시 처음 부장으로 만났다가 지금은 대기업 임원이 되었다. 서로의 발전을 격려해 주고, 좋은 일에 같이 기뻐하고, 슬픈 일에 같이 슬퍼하면서 10여 년을 지내다 보니 자매 같은 사이가 되었다. 호칭도 처음에는 '~교수님', '~원장님' 등 직함으로 부르다가 몇 년 전부터는 언니, 동생으로 바뀌었다. 서로 일하는 분야도 다르고 학창시절부터 알고 지낸 사이는 아니지만, 이 모임을 통해 'Sisterhood가 이런 것이구나' 하고 느낀다.

이런 자매애는 오랜 기간 사회 모임을 통해 알게 된 사람들끼리 생길 수 있고, 직장 내 선후배 사이에도 생길 수 있다. 서로 중간 관리자 시절 만났다가 그사이 각자 직역에서 발전하면서 서로를 진심으로 격려하고 돕는 사이가 된 것처럼, 직장 안에서도 여자들끼리 서로를 진심으로 격려하고 도울 수 있다.

특히, 워킹맘들은 같은 고충을 가지고 있기에 공감대가 훨씬 크다. 서로의 입장에 대한 이해도도 더 크기 마련이다. 선배가 잘되면 후배도 좋고, 후배가 잘되면 선배도 좋은 법이다.

여자의 적은 여자가 아니다. 'Sisterhood'로 뭉치자!

일과 육아, 두 마리
토끼를 잡을 수 있다

05

　알파걸이 파워우먼으로 발전하지 못하는 원인에는 여러 가지가 있다. 아직까지 사회 거의 모든 분야의 중간 관리자 이상은 남자가 다수이고, 단단한 '유리 천장'이 존재한다. 위로 올라갈수록 여성은 더욱 외로워지고, 우군 없이 고군분투해야 한다. 하지만 뭐니뭐니해도 여성의 경쟁력을 떨어뜨리는 가장 큰 원인은 '육아와의 병행'이다. 한 가지만 하면 되는 것과 두 가지를 동시에 해야 하는 건 당연히 다르다. 경쟁력에 차이가 날 수밖에 없다.

　워킹맘이 되는 건, 달리기에서 혼자 달리다가 아이를 업고 달리는 것과 같다. 이런 이유로, 아이를 낳기 전까지 사회생활에서 앞서가던 여성이라도 워킹맘이 되고 나면 남성들에게 추월당하기에 십상이다. 한번 벌어진 간격은 해를 거듭할수록 줄어들기는커녕 점점 더 벌어진다. '내가 겨우 이 정도 하려고 그동안 그렇게 열심히 살아왔나' 하는 무력감도 들고, '과연 회사에서 살아남을 수 있을까' 하는 걱정도 든다.

몇 년 전 수원지방법원에 근무할 당시의 일이다. 그때 같이 근무한 10년 아래 여판사들 중에는 유독 인재들이 많았다. 사법연수원 수석 수료자를 비롯해 최상위권으로 판사임관을 한 여판사들도 여럿이었다. 일도 하나같이 잘하고, 후배들도 잘 챙기는 모습에 선배 판사로서 무척 든든했다. 그 무렵 후배 판사들은 해외연수신청 마지막 해를 맞고 있었다.

당시 판사들은 일정한 기간을 근무하고 나면 4년 동안 해외연수를 신청할 수 있었다. 1년 과정과 10개월 과정의 해외연수가 있었는데, 주어진 4년 이내에 해외연수선발이 되지 않으면 다시는 같은 기회가 주어지지 않았다. 판사들 사이에서 해외연수에 대한 관심이 높다 보니 해외연수선발을 위해서는 상당한 노력을 해야 했다. 영어권으로 지원할 경우에는 대부분 1년 가까이 출근 전이나 퇴근 후 또는 주말을 이용해 토플학원에 다니면서 준비하는 판사들이 많았다.

그런데 10명 가까운 후배 여판사들 중 그해에 해외연수선발이 된 판사는 단 1명이었다. 나머지 판사들은 4년의 기회를 결국 살리지 못했다. 내가 더욱 놀랐던 건, 대부분의 여판사들이 해외연수신청조차 하지 못한 것이었다. 비슷한 성적으로 임관한 남자 판사들은 신청자격이 주어진 첫해에 이미 선발되어 해외연수를 갔다 왔을 법한 시기에, 후배 여판사들은 어학시험을 준비할 시간을 내지 못해 신청조차 못 한 것이었다.

아이들이 어리다 보니 따로 어학원에 다니고 시험공부를 할 만한 시간적 여유가 전혀 없었고, 일과 육아로 바쁜 그들에게 어학원이나 시험공부는 남의 떡처럼 여겨졌을 것이다. 또, 준비를 하더라도 충분한 시간을 내지 못한 탓에 좋은 결과를 얻기 어려웠다. 그들이 내색은 하지 않았지만 속으로 얼마나 속상할까 하는 생각이 들었다. '아무리 우수하더라도 일과 육아를 병행하다 보면 이렇게 자기 발전을 하기 힘든가' 하는 안타까움이 들었다.

워킹맘들은 아이가 어릴 때 자기 발전의 시간을 가지기 어렵다. 일이 많은 부서에 지원하기도 쉽지 않다. 정체기인 것은 틀림없다. 그러나 육아와의 병행이 일에 방해된다고, 자신의 발전에 방해된다고 일부러 아이를 가지지 않는 것은 결코 바람직하지 않다. 그런 생각은 하나는 알고, 둘은 모르는 '헛똑똑이'다.

누누이 말하지만, 인생은 100미터 달리기가 아니라 42.195킬로미터 마라톤이다. 그러니, 눈앞의 현실만 보지 말고 멀리 보자. 긴 호흡을 하자. 아이가 어릴 때는 주어진 일을 하고, 육아만 하기에도 바쁜 시기다. 그러나 아이가 커갈수록 조금씩 숨구멍이 트인다. 정시에 퇴근하느라 눈코 뜰 새 없이 바삐 일하던 생활에서 벗어나 마음 편하게 야근할 수 있고, 자기 발전의 시간도 차츰 가질 수 있다.

무엇보다, 일에서의 발전을 이룰 수 있다. 그동안 벌어진 간격을 점차 줄여가면서 노력에 따라 마침내 다시 앞서 나갈 수 있다. 마라톤에서도 페이스 조절과 막판 스퍼트가 중요하듯, 워킹맘에게도 페이스 조절과 뒷심발휘가 중요하다.

육아 또한 마찬가지다. 거의 모든 워킹맘들이 '내가 일하는 것 때문에 아이가 공부를 못하거나 뒤처지는 건 아닐까' 하고 걱정한다. 아이가 공부를 잘하지 못하는 것이, 친구가 별로 없는 것이 일하는 엄마 탓이라고 자책하기도 한다. 아이가 어릴 때는 엄마의 부재가 아이의 친구 관계에 영향을 미치는 건 사실이다. 워킹맘이다 보니 정보력도 떨어지고, 내 아이가 공부팀에도 잘 끼지 못하는 것 또한 사실이다. 그러나 이 또한 긴 호흡이 필요하다.

엄마가 일하다 보니 아이가 어릴 때 친구 생일잔치에 초대받지 못하고, 친구들과 어울릴 기회가 별로 없는 현실에 속상할 때가 많다. '내가 엄마 역할을 제대로 못 해주는구나' 하는 미안함도 가진다. 일도 그냥 그렇고, 육아도 그냥 그렇다는 생각에 이도 저도 아닌 자신의 처지가 한탄스럽기만 하다. 그러나 명심하자. 아이는 스스로 큰다. 그리고 아이가 커 갈수록 친구 관계에 있어 엄마가 미치는 영향은 점점 줄어든다. 공부 또한 마찬가지다. 커갈수록 엄마의 지원보다는 아이 스스로 노력하는 것이 중요하다. 엄마가 옆에 붙어있다고 성적이 오르는 건 아니다.

엄마가 일하느라 곁에 있어주지 못하지만, 일하는 엄마로서의 강점도 충분히 많다. 그러니, 단점만을 보고 마음 아파하지 말고 강점에 치중하도록 하자. 엄마의 일하는 모습은 아이에게 긍정적인 영향을 준다. 아이는 자랄수록 점점 엄마가 일하는 것을 자랑스러워하고, 엄마의 노고에 감사해 한다. 엄마가 열심히 사는 모습을 보는 것만으로도 아이는 많은 가르침을 얻는다. 무언가를 배우는 것에 꼭 말이 필요한 건 아니다. 행동을 보면서 배우는 것도 많다. 또, 엄마와 아빠의 육아나 가사 역할 분담, 의사결정 방식을 통해 우리 아이들의 가정 역시 좀 더 수평적인 관계가 될 수 있다.

아이와 좀 더 편한 관계를 유지할 수 있고, 아이를 좀 더 독립적으로 키울 수 있는 것 또한 워킹맘의 강점이다. 엄마로서의 삶도 있지만, 나 스스로의 삶도 있기에 이런 상황이 아이와 적당한 거리감을 유지하게 하고, 아이의 성패를 자신의 성패로 곧바로 직결시키지 않는 여유를 준다. 아이가 어릴 때는 일과 육아의 병행이 너무 힘들지만, 아이가 커 갈수록 점점 수월해진다. 아이가 초등학교 고학년이 되면 어느 정도 육아 부담에서 벗어나 발전의 시간을 가질 수 있다. 속도를 낼 수 있는 것이다.

아이가 어릴 때 일과 육아 두 마리 토끼를 잡으려면 마음대로 되지 않고 지칠 뿐이다. 무엇에나 적당한 시기가 있는 법. 인내심을 가지고 기다리다 보면 반드시 기회는 온다. 긴 호흡을 가지고, 일과 육아 사이에서 균형을 잡아가면서 꾸준히 노력하다 보면 반드시 두 마리 토끼를 잡을 수 있다. 그러니, 걱정하지 말자. 여유를 가지자!

육아 부담과 유리 천장의 벽을 뛰어넘자!

06

 이 책을 통해 후배들에게 꼭 해 주고 싶은 궁극적인 말은 육아를 하면서 어떻게 직장에서 성장하고 발전할 것인지에 대한 것이다. '지금 힘들더라도 조금만 참고 견디어라. 꿈을 향해 나아가라'고 격려하며 등을 두드려주고 앞에서 손잡아 끌어 주고 싶은 마음이다.

 훌륭한 역량을 가진 여성들이 '육아'라는 큰 벽을 만나 뛰어넘기 위해서 온갖 힘을 쓰다 지쳐서 뒤처지고, 끝내 넘지 못하는 경우를 많이 봐 왔다. 또, 육아의 벽을 힘겹게 뛰어넘어도 좀 더 나아가다 보면 또 하나의 거대한 벽을 만나게 된다. 바로, 남성들로 굳건하게 형성된 '유리 천장'이다.

 일에서 큰 발전과 성장을 이루기 위해서는 '육아'와 '유리 천장'이라는 벽을 모두 뛰어넘어야 한다. 쉽지 않은 길이지만 이 두 가지 벽을 깨뜨리고 뛰어넘는 여성들이 점점 많아지기를 진심으로 바란다.

그렇다면, 어떻게 아이를 키우면서 자신의 발전과 성장을 이룰 수 있을까. 아이가 어릴 때는 발전과 성장의 시간을 가지기 어렵다. 이때는 아무리 마음이 급하더라도 가정 쪽에 시계추를 좀 더 기울여야 하는 시기다. 그러나 그렇다고 해서 마냥 그 자리 그대로 머물러 있으란 건 아니다. 작은 목표라도 일 년에 한 가지씩 목표를 세우고 노력함으로써, 또한 일 년에 한 번 정도는 자신을 할 수밖에 없는 상황으로 만들어 놓고 자신을 몰아붙임으로써 조금씩 발전해 갈 수 있다.

그러나 그 무엇보다 가장 중요한 것은 어느 상황에서나 '일을 완벽하게 하는 것'이다. 탁월함은 그 모든 것을 압도한다.

아이가 어려 바쁠 때라도 일을 대강대강 처리해서는 절대로 안 된다. 바쁜 때일수록 시간 관리를 좀 더 효율적으로 해야 한다. 퇴근 시간이 너무 늦어지지 않도록 출근에서 퇴근까지 일에 집중하면서 자신이 해야 할 일을 완성도 높게 마쳐야 한다. 그리고 이런 업무 자세는 직장 초기부터 몸에 익히는 것이 좋다.

직장 초기부터 일 처리를 완벽하게 하는 것을 몸에 익히고, 육아와의 병행으로 바쁜 때라도 이 원칙을 지켜나가다 보면, 어느덧 아이가 자라 육아 부담이 점차 줄어들 때 일에 더 많은 시간을 쏟으면서 스퍼트를 낼 수 있다.

'탁월함'은 유리 천장이라는 또 하나의 벽을 뛰어넘는 데에도 가장 필요한 요소다. 다른 사람을 압도할 수 있는 실력을 갖춘다면, 남성들끼리 기득권으로 똘똘 뭉친 유리 천장도 뚫을 수 있다. 육아 부담에서 어느 정도 벗어나 자신만의 시간을 가지게 될 때 일에 좀 더 집중하고 업무에 필요한 실력을 쌓아가다 보면, 어느 순간 다른 사람과 차별화 되는 실력을 갖출 수 있다.

또 하나 필요한 건 '꿈'이다. 꿈은 확실한 동기부여이다. 꿈은 육아 부담으로 일을 그만둘까 말까 고민하는 워킹맘을 붙잡아주는 역할을 한다. 일을 그만두는 순간, 자신이 그동안 꿈꿔왔고 미래 또한 사라지 게 된다. 꿈이 있기에 버틸 수 있는 것이다.

꿈은 자기 발전에도 영향을 미친다. 꿈이 있기에 자신을 더 채찍질 하고, 고단한 현실에서 희망의 끈을 놓지 않게 된다. 꿈과 목표는 클수 록 좋다. 전교 1등을 목표로 삼고 열심히 노력한다면, 설령 그 목표는 이루지 못해도 우수한 성적은 거둘 수 있듯, 목표를 높게 잡고 열심히 노력하다 보면, 그 목표는 못 이루어도 그 부근까지는 갈 수 있다.

육아와의 병행으로 현실이 암울하더라도 멀리 보자. 일과 육아로 바쁘고 지칠지라도 이런 생활이 평생 가는 건 아니다. 아이가 자랄수 록 육아 부담이 점점 가벼워지고, 꿈을 향해 나아갈 수 있는 시간은 반 드시 온다.

마지막으로, 멀리 가려면 함께 가야 한다. 육아의 벽을 뛰어넘기 위 해서는 혼자만의 힘으로는 어렵다. 뛰어넘을 수 있도록 아래에서 등을 대주고, 밀어 올려주는 가족과 사회의 지원이 필요하다. 우선, 가정에 서 남편의 역할 분담은 필수적이다. 아이가 어릴 때는 친정이나 시댁 의 도움도 절실하다. 육아는 가정과 사회 공동책임이다. 직장과 사회의 지원도 필요하다. 육아휴직이 '그림의 떡'이 되지 않도록 직장에서 배려해주는 분위기를 만들어 주어야 한다. 남성의 육아휴직 활용도 권장해야 한다. 유연근무제, 직장 내 어린이집 건립, 탁아시설 확충 같은 지원도 필요하다.

일과 육아를 병행하느라 너무 힘들 때 혼자만 끙끙 앓지 말고 주위 동료나 선배들에게 알리고 조언이나 위로를 받는 것도 큰 힘이 된다. 또, 많은 업무량이 쌓여 건강에 적신호가 켜졌을 때도 초기에 이런 사실을 주위에 알리고 도움을 청하는 지혜도 필요하다.

유리 천장의 벽을 뛰어넘는 데도 마찬가지다. 아무리 실력이 탁월해도 독불장군이어서는 큰 발전을 이루기 어렵다. 스스로의 노력도 필요하지만, 나를 돕고 이끌어줄 지원군이 있을 때 더 큰 발전을 이룰 수 있다. 이를 위해서는 때로 전략적일 필요가 있다.

예를 들어, '나를 위한 위원회' 같은 가상의 위원회에 다양한 지원군을 포함시켜야 한다. 내 성장을 돕고 이끌어줄 수 있는 사람, 회사에서 어려운 일을 당할 때 나를 위해 발 벗고 나서줄 수 있는 사람, 갑자기 어떤 일을 시켜야 할 때 나를 위해 기꺼이 시간을 내줄 수 있는 사람, 회사의 고급정보를 알려줄 수 있는 사람 등등 다양한 지원군이 있을 때 좀 더 쉽게 유리 천장을 뚫을 수 있다.

여성의 적은 더 이상 여성이 아니다. 여성끼리 힘을 합쳐야 한다. 또, 앞서가는 선배일수록 여성 후배들에게 관심을 가져야 한다. '나는 나 스스로의 힘으로 여기까지 왔어' 라고 생각하고 후배들에게 무심할

것이 아니라, 기꺼이 시간을 내어 여성 후배들에게 격려와 조언을 하
는 배려심을 가져야 한다.

멘토링은 직장 생활의 노하우를 들을 기회가 상대적으로 부족한 여
성 후배들에게 선배로서 당연히 해 주어야 할 의무이다. 멀리 가려면
함께 가야 한다.

16년 차 워킹맘이
새내기 워킹맘에게

07

2001년 큰 애 현진이를 낳고 어느새 16년 차 워킹맘이 되었습니다. 현진이가 어느 정도 커서 육아 부담이 줄어갈 무렵 둘째 현민이를 낳고, 다시 원점에서 시작해 이제 어느 정도 육아 부담에서 벗어나 저만의 시간을 가질 수 있는 여유를 가지게 되었습니다.

힘들지만, 정말 보람 있고 이 세상 무엇과도 바꿀 수 없는 것이 아이들입니다. 아이들로 인해 희생해야 하는 것도 많지만, 다른 한편으로는 아이들 덕분에 직장에서 좀 더 힘을 낼 수 있고 삶을 살아가는 원동력이 되기도 합니다. 그러나 요즘같이 쉽지 않은 취업의 길에서 어렵게 취업하더라도 결혼 후 육아 부담으로 결국 직장을 그만두는 사례가 줄어들지 않는 것은 무척 안타깝습니다.

얼마 전 아끼던 회사 후배가 직장을 그만두었습니다. 많은 업무량과 아직 어린 딸과의 양육 사이에서 '지금은 가정에 더 치중할 때'라는 결론 끝에 직장을 그만둔 것입니다. 2년 차 변호사지만 일도 꼼꼼히 잘하고, 책임감도 높고, 대인관계도 좋고, 발전 가능성도 많은 후배라 아쉬움이 무척 컸습니다. 후배는 당분간 박사학위 논문을 쓰면서 아이와 많은 시간을 보내겠다고 합니다. '잘 결정했다'고 격려해 주었지만, 한편으로는 아쉬움을 감출 수 없었습니다. 업무량이 많은 직장일수록 일과 육아의 양립이 어려운 현실이 씁쓸하기만 했고, 안타까워하기만 할 뿐 무엇 하나 도와줄 수 없는 저 자신이 매우 무력하게 느껴졌습니다.

누구에게나 꿈이 있습니다. 그리고 그 꿈을 위해 학창시절부터 열심히 공부합니다. 특히 요즘 여학생들은 '내 능력을 사회에서 발휘하겠다'는 생각들을 가지고 있습니다. 이런 바람을 가지고 준비해 온 워킹맘이라면, 또 자신의 일하는 모습을 사랑하는 워킹맘이라면, 육아 부담이라는 벽을 만났을 때 피하지 말고, 포기하지 말고 반드시 뛰어넘으라고, 깨부수라고 말해주고 싶습니다.

아이들은 너무 소중한 존재이고, 그만큼 엄마의 역할도 중요하지만, 그래도 인생의 주인공은 '나 자신'입니다. 자신이 꿈꾸어온 삶을 당당하게 살아가시기 바랍니다. 아이가 어릴 때 일과 육아와의 병행은 너무 힘듭니다. 아침마다 엄마를 붙잡는 아이를 떼어 놓고 나설 때마다 '내가 무슨 영화(榮華)를 보자고 이러나' 하는 생각이 저절로 듭니다. 늦게까지 사무실에서 일하는 엄마를 전화로 찾으면서 엄마가 올 때까지 자지 않고 기다리는 아이에게 엄마 역할을 제대로 못 하고 있다는 생각에 미안한 마음뿐입니다.

사무실에서는 일하느라, 집에서는 아이 돌보느라 지쳐 잠들기 일쑤입니다. 육아에도 집중하기 어렵지만, 일 또한 그렇습니다. 아이가 어릴 때는 업무량이 많은 부서를 지원하거나 자기 발전의 시간을 가지기 어렵다 보니, 전에는 동료들보다 앞서 간다고 생각했는데 아이를 키우는 몇 년 사이에 점점 뒤처져가는 나 자신의 모습에 스스로 자신감마저 잃어갑니다.

일을 그만두어야 하나 말아야 하나 고민할 때, 이도 저도 아니라는 생각에 집어치우고 싶을 때, 직장에서의 미래에 자신을 잃어갈 때 지금의 모습보다는 좀 더 멀리 보는 지혜와 인내심을 가지기 바랍니다. 일에 재미를 느끼고, 일을 통해 보람을 느낀다면 절대로 일을 포기해서는 안 됩니다. 누구에게나 위기는 있습니다. 가족의 도움이든, 동료나 회사의 도움이든 여러 가지 방법을 활용해 위기를 넘겨야 합니다. 몇 년 전 육아휴직을 하면서 저는 ‘일이 내 자신감의 원천’이라는 사실을 실감했습니다. 이런 제가 일을 그만둔다면 ‘머리카락을 잘린 삼손’과 같을 것입니다.

아이가 클수록 육아 부담은 점점 줄어듭니다. 처음 몇 년은 힘들어도 이 시기를 넘기면 일과 육아와의 병행은 조금씩 수월해지고, 좀 더 일에 많은 시간을 쏟을 수 있습니다. 자기 발전과 자기 계발의 시간도 가질 수 있습니다. 지금은 힘들더라도 5년 뒤 10년 뒤를 보면서 인내심을 가지기 바랍니다. ‘봄날’은 옵니다.

일 욕심이 많은 워킹맘일수록 명심해야 할 것이 두 가지 있습니다.

첫째, '완급 조절'입니다. 급하게 가려다 보면 무리할 수밖에 없고, 그러다 보면 건강을 잃기 쉽습니다. 일도, 육아도 체력이 뒷받침돼야 가능합니다. 인생은 42.195킬로미터의 마라톤입니다. 멀리 가려면 완급 조절을 하고, 때로는 쉬어가기도 해야 합니다.

둘째, '일과 가정 사이의 균형'입니다. 일과 가정 사이에서 시계추가 너무 가정 쪽에 기울어도 문제지만, 일 쪽에 너무 기우는 건 더 큰 문제입니다. 직장에서의 발전도 중요하지만, 일에 너무 치중한 나머지 엄마 역할을 제대로 못 하고 가정을 소홀히 해서는 안 됩니다. 밖에서의 그 어떤 성공도 가정에서의 행복을 대신하지 못합니다.

이 책을 쓰면서 새삼 느낀 것은 열악한 육아환경이었습니다. 아무리 '일을 포기하지 말라'고 이야기한들 일과 육아를 병행할 상황이 되지 않는 많은 워킹맘에게는 '팔자 좋은 남 이야기'로 들릴 수밖에 없습니다. 경력단절여성 중 스스로 일이 지겨워서, 일이 싫어서 그만둔 사람은 별로 없을 것입니다. 일도 좋지만, 아이가 어릴 때는 엄마의 역할이 더 중요하기 때문에 우선순위에서 육아를 선택한 경우가 훨씬 많을 것입니다.

육아환경 개선을 위해 한 가지만 꼽으라고 한다면 주저 없이 '육아휴직제도의 자유로운 활용'을 들고 싶습니다. 아직도 육아휴직이 그림의 떡인 직장이 너무나 많습니다. 눈치가 보여 육아휴직을 신청하지 못하는 직장도 많고, 육아휴직으로 인한 불이익도 존재합니다. 이런 환경에서는 아무리 좋은 제도를 만든다고 한들 사문화된 제도에 불과합니다. 남성의 육아휴직은 차츰 늘어나고는 있지만, 아직 미미한 수준입니다. 최소한 여성만이라도 법에 규정된 육아휴직제도를 제대로 사용할 수 있다면 그것만으로도 경력단절여성은 많이 줄어들 것입니다. 그리고 이런 친육아적인 업무환경을 만드는 데 있어 앞서가는 선배들이 필요한 역할을 해야 하고, 여성들 역시 힘을 모아야 합니다.

힘들 때 고통을 나누면 반으로 줄어듭니다. 제발 혼자 무거운 짐을 감당하려고 하지 마세요. 주위를 보면 가족, 동료, 선배 등 기꺼이 도울 사람이 많습니다. 멀리 가려면 함께 가야 합니다. 앞서가는 선배도 후배들에게 격려와 조언을 아끼지 말아야 하고, 후배 역시 어려움이 있을 때 혼자만 끙끙 앓지 말고 주위에 도움을 청해야 합니다.

여성 인력의 활용에 대한민국의 미래가 달려 있다고 해도 과언이 아닙니다. 이 세상 모든 워킹맘에게 아낌없는 박수를 보냅니다.